Le matematiche 2

Giuseppe Furnari

TRE ARTICOLI PER UN MISTERO

© 2012 by Giuseppe Furnari
Nuova Edizione

ISBN   **978-1-291-04183-5**

© 2009 by Giuseppe Furnari
Prima Edizione su Lulu.com
TRE ARTICOLI PER UN MISTERO
ISBN 978-1-4452-2125-0

Printing/Distribution provided by:

Lulu Enterprises, Inc.
3131 RDU Center Dr., Ste. 210
Morrisville, NC 27560
USA
www.lulu.com
www.lulu.com/it

Immagine in quarta di copertina
rilasciata nel **pubblico dominio**
http://it.wikipedia.org/wiki/Pubblico_dominio
http://en.wikipedia.org/wiki/File:EuclidStatueOxford.jpg

Libro catalogato su
http://www.lulu.com/spotlight/giuseppefurnari,
dove può essere commentato.
È Stampato e distribuito da lulu.com.

alle mie figlie
Maddalena e Marta

TRE ARTICOLI
PER UN MISTERO

TRE ARTICOLI PER UN MISTERO   *01*

SOLUZIONI AL QUINTO POSTULATO   *21*

1. *Euclide e l'infinito: nuove tracce per la geometria*   *24*
2. *Elementi, opera collettiva plurisecolare*   *27*
3. *Definizioni e postulati: la definizione XXII*
   e la ridondanza del Quinto Postulato   *35*
4. *Saccheri del tutto in errore:*
   cade la confutazione dell'angolo ottuso   *41*
   4.1. *cadono tutte le proprietà*
      delle rette iperboliche (angolo acuto)   *53*
5. *Esigenza di maggior sintesi*   *59*
   5.1. *Esistenza e relazioni tra punti,*
      rette, piani, spazio, tempo   *59*
6. *Una dimostrazione del quinto postulato*   *63*
   Teorema F   *69*
   Teoremi G, P   *70*
7. *Quinto Postulato ed Assioma di Pasch*   *85*
8. *Coerenza tra geometrie*   *93*

GEOMETRIA ASSOLUTA? 101

1. Geometria Assoluta? 104
2. Il Teorema di Saccheri-Legendre
   confutato dopo quasi tre secoli 109
3. Quinto postulato non euclideo 123

COERENZA IPERBOLICA E CONTINUO GEOMETRICO 131

1. Punti di vista intrinseco ed estrinseco 134
2. Molteplicità iperbolica 155
3. Ridefiniamo la parallela? 169
4. Il problema del meta-centro 175

EPILOGO 181

Bibliografia 199

TRE ARTICOLI PER UN MISTERO

È universalmente noto che laddove si ragiona prendendo in considerazione la geometria classica di Euclide (Egitto, 325-265 a.C.) e le recenti geometrie non euclidee nate dagli studi di Gauss (1777-1855), Jànos Bolyai (1812-1860) e Nicolaï Lobačevskij (1793-1856), per *"geometria assoluta"* si intende una geometria "basilare" che comprenda l'insieme degli assiomi, definizioni, postulati e teoremi che si possono dimostrare nell'ambito di tutte le geometrie; per questo è nota anche come geometria neutrale. Il termine è dovuto a Gerolamo Saccheri (1667-1773), che faceva corrispondere la geometria assoluta alla Geometria Euclidea escludendo il quinto Postulato e tutti i teoremi indimostrabili senza di esso. Egli sperava, anzi credeva di esserci riuscito, che negando il quinto postulato di Euclide si dovesse necessariamente giungere ad un assurdo. Questo sarebbe equivalso ad una dimostrazione del quinto postulato. Invece la sua dimostrazione si è rivelata incompleta, ed al contrario avrebbe aperto la strada a due nuove geometrie non-euclidee, la cui coerenza è stata in seguito provata costruendone dei modelli all'interno della geometria euclidea, considerata a sua volta coerente.

Dovrebbe essere ovvio come per il Saccheri la sua geometria neutrale avesse solo fini strumentali, dato che con la dimostrazione *in essa* del Quinto Postulato, che egli riteneva di aver ben dimostrato per assurdo, non può che perdere automaticamente significato.

Ora, dove non è riuscito Saccheri potrei essere riuscito con la mia dimostrazione del Quinto Postulato, vedi da pagina 63 l'omonimo capitolo.

Inoltre in questo volumetto si dimostra come il Saccheri fallisce anche nella dimostrazione del famoso Teorema noto come di Saccheri-Legendre per cui *la somma degli angoli di un triangolo non sarebbe maggiore di due angoli retti: S ≤ 2R*.

Le conseguenze non possono essere che notevoli, in quanto se da un lato fallisce la sua refutazione dell'angolo ottuso, lasciando aperta la via verso la geometria ellittica e quella sulla sfera, dall'altro lato non si dimostra più nulla delle classiche proprietà delle rette cosiddette iperboliche. E di questo ne risente la caratteristica di *"inevitabilità"* della geometria iperbolica, se non la sua stessa esistenza.

Da un punto di vista più moderno, si preferisce far riferimento ai "sistemi assiomatici", e la geometria assoluta corrisponde allora a tutti gli assiomi di Hilbert (1862-1943) – di incidenza, d'ordine, di congruenza, delle parallele, di continuità – eccetto il quarto.

Naturalmente, per il teorema di incompletezza di Gödel, nessuna assiomatizzazione della matematica può essere realmente completa.

Si può pensare che in qualche modo anche Euclide, che probabilmente ha sempre tentato di dimostrare il suo quinto postulato comprendendone l'importanza, facesse una qualche distinzione tra quanto dimostrabile senza e quanto dimostrabile con il postulato delle parallele. Ha infatti dimostrato quanto gli è stato possibile, prima di introdurlo: gli sarebbe stato più facile dedurre da esso diverse conseguenze, invece di dimostrarle.

Per completezza, occorre aggiungere che il termine geometria assoluta in tempi recenti fa riferimento alla **geometria differenziale assoluta** dovuta a Gregorio Ricci Curbastro (1843-1925) che, raccogliendo l'eredità di Riemann, ha costruito il "calcolo differenziale assoluto": in esso due nuove entità matematiche, la **derivata covariante** ed il **tensore covariante** permettono di costruire un formalismo matematico adatto a descrivere le teorie fisiche indipendentemente dal sistema di coordinate, siano esse cartesiane oppure no.

Questo tipo di calcolo, grazie ad un fitto carteggio scientifico con Tullio Levi-Civita, ha permesso ad Eintein di costruire la sua grandiosa Teoria della Relatività Generale dove la geometria si fonde con lo spazio fisico quadridimensionale, lo spazio-tempo, e rinnova il problema di quale geometria sia quella reale legandola alla quantificazione di entità fisiche: la curvatura dello spazio dipende dal rapporto Ω tra la densità rho e la densità critica rho_{crit}:

$$\Omega = \rho / \rho_{crit}$$

Quindi per $\Omega > 1$ avremo un Universo a curvatura positiva, ovvero una geometria sferica; per $\Omega = 1$ l'Universo è piatto, mentre per $\Omega < 1$ l'Universo ha curvatura negativa, ovvero abbiamo una geometria iperbolica. In più, nel caso di universo vuoto si ottiene $\Omega < 1$, e l'Universo possiederebbe una geometria iperbolica; in questo modello le istantanee di tempo cosmico nelle coordinate della relatività speciale sono iperboloidi.

La Geometria e lo spazio geometrico sembrano così indissolubilmente sposati alla realtà fisica, ma sarebbe anche molto azzardato collegare la geometria così come matematicamente intesa alla geometria che possiederebbe un universo privo di materia fisica, e che sarebbe iperbolica.

Risulta invece che nel 2000 Paolo De Bernardis e Silvia Masi dell'Università La Sapienza di Roma, grazie alle osservazioni fatte nel 1998 dal gruppo Boomerang sulla radiazione di fondo tramite un pallone stratosferico che ha circumnavigato l'Antartide all'altezza di 37 km per più di 10 giorni ottenendo una definizione mai realizzata in precedenza, hanno potuto dimostrare che viviamo in un universo "piatto", $\Omega = 1$, in perfetto accordo con la teoria dell'inflazione elaborata da Alan Guth e da Andrej Linde. Il che significa, semplicemente, che la sua geometria è quella euclidea, anche se resta aperto il problema della materia ed energia oscure, esotiche, sconosciute.

Se $\Omega = 1$, la materia nota e le forme esotiche o sconosciute rappresentano solo il 30% di quanto previsto dalla teoria. A spiegare il restante 70%, un mistero fino a poco tempo fa, stanno provvedendo con successo John Peacock, del Reale Osservatorio astronomico di Edimburgo, e del gruppo di astronomi anglo-australiani da lui diretto nella cosiddetta "2dF collaboration", e Adam G. Riess, dello Space Telescope Science Institute di Baltimora con un gruppo di suoi colleghi.

Il primo gruppo studiando sistematicamente 140.000 galassie non solo ne ha ricostruito una mappa molto dettagliata, ma ha anche appurato che l'oggetto che "pesa" maggiormente è il vuoto quantistico, che, lungi dall'essere inerte è capace di generare una pressione energetica classificabile tra le "energie oscure". Quasi contemporaneamente, nell'aprile 2001, il secondo gruppo in base alla luce generata dall'esplosione di una stella supernova, la "1997 FF", che ha impiegato oltre dieci miliardi di anni per raggiungerci, ha calcolato che la luminosità della "1997 FF" risulta doppia rispetto a quella attesa e che l'universo da almeno dieci miliardi di anni si sta espandendo con velocità crescente. Anche qui il vuoto quantistico risulta essere l'unica pressione energetica "repulsiva" capace di opporsi all'attrazione della forza gravitazionale.

Torniamo adesso alla *geometria assoluta*, così come classicamente intesa. La sua definizione è chiara, così come il suo contenuto: tutto quanto sia dimostrabile senza richiamare il quinto postulato di Euclide.

Personalmente ritengo però che occorre fare molta attenzione. Riflettendo su come si ottengono i principali teoremi che riguardano i fondamenti della Geometria, si vede che l'ambito complessivo in cui si agisce è comunque quello della Geometria Euclidea piuttosto che quello della Geometria Assoluta. I relativi grafici, pur con tutte le premesse e l'attenzione per attenersi ai limiti della Geometria Assoluta, sono quelli tipici della Geometria Euclidea .

Ma quel che diventa sottilmente irreparabile è che subito dopo si giunge con naturale immediatezza a risultati validi nella sola Geometria Euclidea (o comunque non in tutte le geometrie) ed esser però portati a credere ad una loro validità più generale.

A questo contribuisce il fatto che tutti i teoremi di Euclide fino alla Proposizione I.28 fanno a meno del quinto postulato, e si intende siano dati in Geometria Assoluta.

Come si può facilmente dedurre dalla figura, però, entrambe la I.16 e la I.17, pur valide anche nella Geometria iperbolica, non sono sempre valide nella Geometria sulla sfera o doppiamente ellittica.

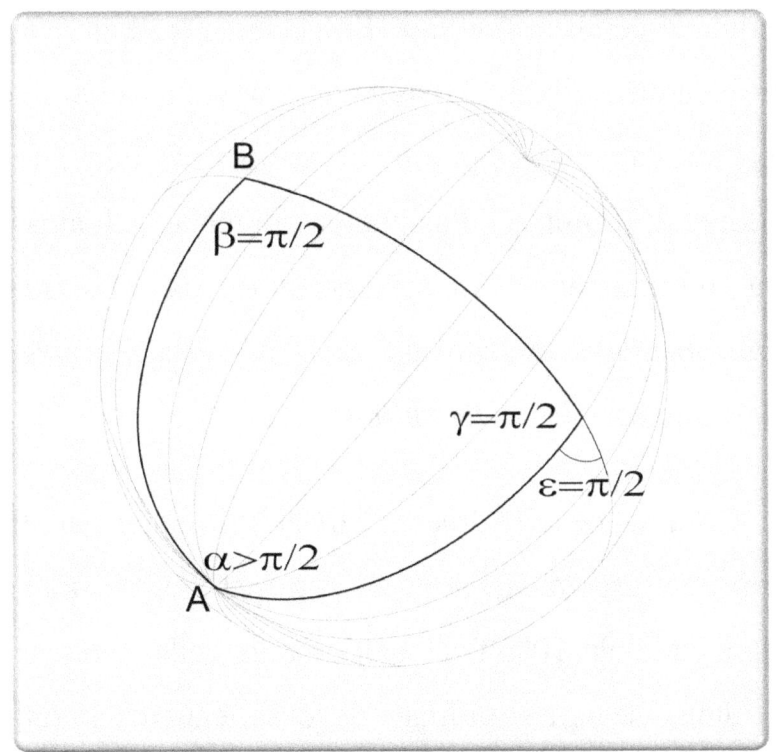

Cadono quindi anche le dimostrazioni che si basano su di esse. In particolare, occorre sfatare l'equivalenza che si suppone assoluta tra il postulato della parallela di Playfair [più precisamente dell'unicità della parallela] ed il quinto postulato di Euclide, con la quale si giunge fino a definire "delle parallele" anche quello di Euclide.

In realtà tale equivalenza risulta valida solo nell'ambito della Geometria Euclidea, e la sua dimostrazione [AGAZZI-PALLADINO, pagg. 52-53], poggia peraltro sulla Proposizione I.28 che si riconduce alla I.27 basata a sua volta sulla I.16, non valida ad esempio nella geometria sulla sfera. Allora il Quinto Postulato dovrebbe chiamarsi più propriamente "dell'intersezione tra due rette *non parallele* tagliate da una trasversale" ovvero "dell'intersezione *delle oblique*".

Cosa succede realmente? In effetti, come peraltro c'era da aspettarsi, non si può parlare di unicità della parallela [Playfair] nell'ambito della geometria assoluta, se quest'ultima deve sottendere a tutte le geometrie, e nelle altre geometrie la parallela non è unica oppure non esiste del tutto. Semplicemente succede che una dimostrazione, in questo caso l'equivalenza tra il postulato della parallela di Playfair e quello di Euclide, valida in una sola o non in tutte le geometrie, *perde consistenza* se non addirittura senso quando la si consideri in una geometria con cui non ha coerenza. Allora, il postulato dell'unicità della parallela di Playfair perde del tutto il suo significato, mentre il quinto postulato di Euclide può mantenere il suo senso logico se opportunamente riformulato e specificamente dimostrato ex novo in ciascuna differente geometria.

Infatti il quinto postulato di Euclide dice:

"se una retta venendo a cadere su due rette forma gli angoli interni e dalla stessa parte minori di due retti, le due rette prolungate illimitatamente verranno ad incontrarsi da quella parte in cui sono gli angoli minori di due retti"

e dovrebbe risultare chiaro che sta trattando della condizione che fa sì che due oblique si incontrino.

Naturalmente nelle varie geometrie le condizioni saranno differenti, ma, come vedremo nel secondo articolo, è possibile individuarle correttamente.

Dovrebbe anche risultare chiaro che, se è possibile una dimostrazione per il quinto postulato di Euclide nella sua forma originaria, essa può essere data solo strettamente nell'ambito della geometria euclidea e non nell'ambito virtualmente più generale della geometria assoluta. Questo proprio per la sua equivalenza con il postulato dell'unicità della parallela di Playfair che, a ben vedere, ne garantisce l'incompatibilità con le altre geometrie.

La coerenza complessiva riguardo alle rette parallele, punto di discordia tra le varie geometrie, è ancora più complessa e delicata di quanto appare finora.

Se infatti si pensa alla definizione XXIII di rette parallele, essa non ha lo stesso significato del quinto postulato perché le manca l'unicità della retta parallela ad un'altra per un punto esterno, oppure manca l'equidistanza tra i punti di due rette parallele.

Al contrario, può ben avere lo stesso significato la definizione XXII. Infatti l'esistenza di almeno un rettangolo (Saccheri-Legendre), o di almeno un quadrato, è del tutto equivalente al quinto postulato, nel senso che duplicando ed accostando indefinitamente un rettangolo oppure un quadrato risultano immediatamente costruite due rette parallele che non si incontrano fra loro da nessuna delle due parti e di cui si dimostra facilmente l'unicità e l'equidistanza dei punti. Ne segue allora che la definizione XXIII deriva direttamente dalla XXII e, soprattutto, che il quinto postulato, se considerato più un postulato sulle parallele che sulle condizioni per cui due rette oblique si incontrano, risulta ridondante e potrebbe persino essere eliminato. Non però se si considera che tratti della condizione che fa sì che due oblique si incontrino, così come in effetti è.

Come vedremo tra poco, l'equivalenza tra l'esistenza di un quadrato ed il postulato delle parallele rimane insidiosamente nascosta in vari punti.

Per intanto è da rilevare come oggigiorno è pensiero dominante non considerare differenti gli equivalenti postulati di Euclide e di Playfair, bensì ritenere che una dimostrazione del quinto postulato di Euclide implichi necessariamente la dimostrazione dell'unicità della parallela. Lo si fa anche, ma dopo aver dimostrato le condizioni per cui due rette si incontrano e la condizione – unica! – per cui due rette sono parallele, e quindi dopo aver dimostrato o mentre si dimostra l'esistenza della parallela.

A supporto dell'insistenza sull'unicità della parallela, si mette spesso in evidenza come nella successiva importantissima dimostrazione del teorema di Pitagora si deve ricorrere alla costruzione di parallele, che quindi, per l'univocità del risultato cui deve giungere il teorema stesso, devono essere uniche.

Le cose non stanno però esattamente così, infatti esistono dimostrazioni grafiche del teorema di Pitagora che non richiedono alcun commento verbale, né alcuna costruzione a partire dalla figura iniziale, solo che le figure vengano capite, il che risulta anche molto facile.

Ad esempio, dalla figura

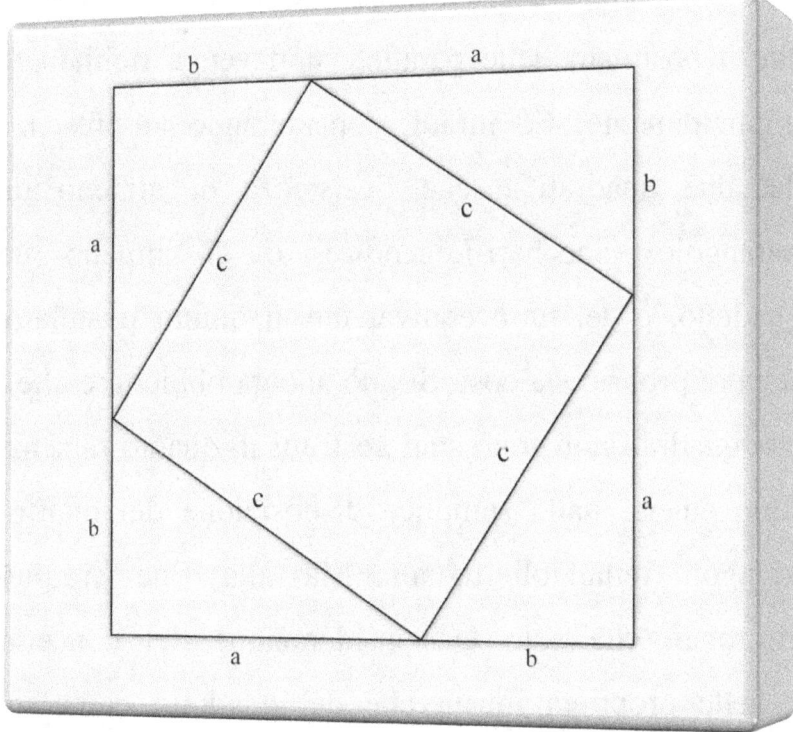

si deduce immediatamente, una volta constatato che i quattro triangoli rettangoli uguali sono semplicemente disposti in modo che al cateto **a** segua sulla stessa linea retta il cateto **b** e viceversa formando inequivocabilmente due quadrati, che

$$(a + b)^2 = c^2 + 4 \, (ab/2), \qquad \text{ovvero} \quad a^2 + b^2 = c^2$$

che è la nota espressione del teorema di Pitagora.

È evidente come in questa dimostrazione-lampo

non venga richiamato il postulato delle parallele, né si costruisce parallela alcuna. Però nulla garantisce che il postulato delle parallele non venga richiamato implicitamente. Ed infatti, considerando la presenza dei due quadrati e che l'esistenza di almeno un rettangolo (Saccheri-Legendre), o di almeno un quadrato, è del tutto equivalente al quinto postulato, sembra proprio sia così. Si può ancora obbiettare che i due quadrati non sono stati costruiti in quanto tali, ma sono emersi dalla semplice disposizione dei quattro triangoli rettangoli uguali. Ma alla fine si può affermare che solo la considerazione del concetto e delle proprietà intrinseche del quadrato come da definizione XXII ci garantisce che la disposizione dei quattro triangoli rettangoli si chiuda esattamente – con precisione geometrica! – e non rimanga invece aperta.

Ad essere poi ancora più stringenti, già il solo disegnare un triangolo rettangolo, implicitamente con proporzioni pitagoriche altrimenti il quadrato non si chiuderebbe, e che è metà di un rettangolo o di un quadrato, è del tutto equivalente al quinto postulato!

Come si vede, non è facile determinare con sufficiente sicurezza quale dimostrazione rientri nell'ambito della geometria assoluta. Piuttosto, considerando che tutto quello che viene dimostrato dopo il quinto postulato di Euclide, a partire dal teorema di Pitagora, non è dimostrato in geometria assoluta, che almeno due delle prime 28 proposizioni non sono valide nella geometria ellittica, che altre proposizioni euclidee vengono considerate come assiomi nelle recenti assiomatizzazioni, che è da escludere la dimostrazione dell'equivalenza tra i postulati di Euclide e di Playfair, ben poca cosa rimane realmente nell'ambito della geometria assoluta, e la sua utilità è quasi nulla.

Il primo importante teorema che rimane al di fuori dell'ambito della geometria assoluta è il teorema di Pitagora, la cui dimostrazione, in qualunque forma, non ha quindi carattere universale rispetto alle diverse geometrie. Infatti esso esiste in forme differenti nelle differenti geometrie, e per questo è interessante esaminarlo: nel caso della geometria ellittica, ovvero della geometria sulla sfera, la sua espressione è:

$$\cos(\frac{c}{R}) = \cos(\frac{a}{R}) \cos(\frac{b}{R})$$ dove c è l'ipotenusa,

a, b sono i cateti.

Invece nella geometria iperbolica abbiamo

$$\cosh(\frac{c}{R}) = \cosh(\frac{a}{R}) \cosh(\frac{b}{R})$$

che è l'espressione appunto del teorema di Pitagora iperbolico, dopo aver definito in maniera "opportuna" le funzioni circolari degli angoli sul piano iperbolico, cosa che si rivela però un po' complicata.

Cosa succede? Succede che in entrambe le espressioni non euclidee appare un termine che nella geometria euclidea non viene mai preso in considerazione, in quanto la curvatura del piano euclideo è banalmente nulla, ed il raggio di curvatura R è infinito.

Succede che passando da una geometria all'altra **perde consistenza** quanto definito e dimostrato nella geometria di partenza, per assumere nuova diversa consistenza solo ove definito e/o dimostrato ex novo.

Nel nostro caso del teorema di Pitagora, passando dalla geometria euclidea a quelle non euclidee non è più verificata la semplice arcinota relazione alge-brica, che perde di significato, ma occorre prendere in considerazione gli angoli, e quindi il raggio di curvatura del piano geometrico che influisce su di essi.

Viceversa, passando dalle geometrie non euclidee a quella euclidea **perdono consistenza** le espressioni che rappresentano il teorema di Pitagora. Otterremmo

$$R = \infty, \quad \text{e quindi, ad esempio,} \quad \frac{c}{R} = 0$$

e $\cos(0) = \cos(0) \cos(0)$, o $\cosh(0) = \cosh(0) \cosh(0)$ cioè sempre la banale inconsistente identità $1 = 1$.

A questo punto dovrebbe risultare chiaro al lettore come sia possibile non solo dare una dimostrazione del famoso quinto postulato di Euclide, se lo si interpreta correttamente come postulato delle non parallele, e quindi farne un teorema che chiamo Teorema F nel mio primo articolo, ma anche darne delle versioni logicamente corrispondenti nelle geometrie non-euclidee, che presento nel mio secondo articolo.

Seguono i due articoli, nonché il terzo.

SOLUZIONI
AL QUINTO POSTULATO

Giuseppe Furnari

Riassunto Attualmente, le carenze dell'originale geometria euclidea vengono superate modificando la dimostrazione di alcune proposizioni sulla base di assiomatizzazioni più attuali (Hilbert, approccio metrico di Birkhoff), con speciale attenzione agli assiomi sulla continuità (Archimede, Dedekind). Inoltre, dopo Bolyai e

Lobačevskij, si sono consolidate le Geometrie non-euclidee, rimanendo irrisolta la problematica del Quinto Postulato di Euclide, dopo i tentativi del Saccheri. Questo lavoro propone una soluzione al problema del Quinto Postulato, problema che incide profondamente sull'impostazione e sul significato della Geometria Euclidea, mentre le Geometrie non-euclidee rimangono comunque possibili e sempre valide, come ad esempio nella Relatività Generale.

Abstract Currently, the lacks of the original euclidean geometry is overcome by modifying the demonstration of some propositions on the grounds of more actual axiomatizations (Hilbert, metric approach of Birkhoff), with special attention to the axioms on the continuity (Archimedes, Dedekind). Besides, after Bolyai and Lobačevskij, the not-euclideans Geometries are consolidated, remaining unsolved the problem list of the Fifth Postulate of Euclid, after the attempts of the Saccheri. This paper proposes a solution to the problem of the Fifth Postulate, problem that engraves deeply on the formulation and on the meaning of the Euclidean Geometry, while the not-euclideans Geometries they are possible however and always valid, as for instance in the General Relativity.

Résumé Actuellement, les lacunes de la géométrie euclidienne d'origine sont dépassées en modifiant la démonstration de quelques propositions sur la base d'axiomatisations plus modernes (Hilbert, approche métrique de Birkhoff), avec attention spéciale aux axiomes sur la continuité (Archimède, Dedekind). En outre, après Bolyai et Lobačevskij, elles se sont solidifiées les Géométries non euclidiennes, en restant pas résolue la problématique du Cinquième Postulat d'Euclide, après les tentatives du Saccheri. Ce travail propose une solution au problème du Cinquième Postulat, problème qu'il grave profondément sur la structure et sur le sens de la Géométrie Euclidienne, pendant que les Géométries non-euclidiennes elles restent de toute façon possibles et toujours valides, comme par exemple dans la Relativité Générale.

1. Euclide e l'infinito
nuove tracce per la geometria

La Geometria che studiamo attualmente fino alle scuole superiori è quella degli 'Elementi' di Euclide, così come aggiornati dal matematico del 1800 Legendre. Sono 13 libri con 467 proposizioni, ossia teoremi con le relative dimostrazioni, scritti nel periodo greco classico (IV secolo a.C.).

Con essi la matematica e la geometria conobbero la prima strutturazione organica, talmente ordinata e rigorosa da determinare il corso di tutta la matematica successiva. Il rigore risulta evidente anche dal fatto per cui, in accordo con i primi postulati, a dimostrazione che l'esistenza delle figure geometriche debba essere antecedente alla costruzione della geometria stessa, i greci accettavano esclusivamente figure costruite con riga e compasso.

E la potenza della geometria euclidea è poi tale che da un piccolo insieme di assiomi (ovvero definizioni, postulati e nozioni comuni) si riescono a dimostrare centinaia di teoremi, anche molto complessi. Fino al secolo scorso l'opera di Euclide è stata indicata come modello di rigore da parte degli stessi matematici.

Attualmente, le carenze dell'originale geometria euclidea vengono superate modificando la dimostrazione di alcune proposizioni sulla base di assiomatizzazioni più attuali (Hilbert, approccio metrico di Birkhoff), con speciale attenzione agli assiomi sulla continuità (Archimede, Dedekind). Inoltre, dopo Bolyai e Lobačevskij, si sono consolidate le Geometrie non-euclidee, rimanendo irrisolta la problematica del Quinto Postulato di Euclide, dopo i tentativi del Saccheri. Questo lavoro propone una soluzione al problema del Quinto Postulato, problema che incide profondamente sull'impostazione e sul significato della Geometria Euclidea, mentre le Geometrie non-euclidee rimangono comunque possibili e sempre valide, come ad esempio nella Relatività Generale.

2. "Elementi" opera collettiva plurisecolare

C irca l'autore dell'opera geometrica più famosa al mondo sappiamo veramente poco e quel poco che sappiamo viene riportato da Proclo più di sette secoli dopo! Euclide visse intorno al 300 a.C. e questo lo si deduce dal fatto che viene considerato "più giovane tra gli allievi di Platone e più vecchio di Archimede" [GIUSTINI, pag. 88], viene considerato di scuola platonica e ciò è sicuramente compatibile con la natura degli Elementi così tanto discussi da Aristotele.

Quando Tolomeo I fondò ad Alessandria la scuola od Accademia chiamata "il Museo", divenuta presto senza pari, tra gli studiosi chiamò anche Euclide ed egli mise a punto i suoi Elementi di Geometria.

Euclide si interessò anche di musica, astronomia e di ottica; scrisse opere originali come l'Ottica, uno dei primi trattati sulla prospettiva, la Catottrica, teoria matematica degli specchi, le Coniche, andate perdute sicuramente perché soppiantate dal più completo trattato di Apollonio di Perga; poi un'opera sui Luoghi Superficiali, forse quadriche, una sulle False Conclusioni o Pseudaria ed infine una sui Porismi che erano quanto di più anticamente si potesse avvicinare al concetto di funzione ed alla geometria analitica: una specie di equazione di una curva espressa verbalmente [BOYER, pag. 120].

Ma negli Elementi lo stesso Euclide non ha pretese di originalità [BOYER, pag. 124], trattandosi di un manuale o di un trattato organico che doveva migliorare le versioni già esistenti nella presentazione e nella struttura logica, senza quindi alcuna necessità di indicare la paternità di ogni singola parte. I miglioramenti si riallacciano alle ricerche logiche di Aristotele nell'ambito dell'Accademia di Atene, ed alla "svolta assiomatica" introdotta da Eudosso da Cnido che aveva puntato sulla massima generalizzazione possibile. In effetti il libro V degli Elementi, che sembra risalire proprio ad Eudosso, risulta avere una sua completa autonomia [GIUSTINI, pag. 76].

Proclo vanta il lavoro svolto da Euclide per la scelta degli argomenti assunti come fondamentali: rinunciando ad inserire una quantità impressionante di teoremi e problemi, aveva scelto solo quelli capaci di svolgere la funzione di elementi fondamentali e sempre seguendo un filo logico conduttore inconfutabile. Proclo afferma che nel far questo Euclide riordina il lavoro di Eudosso, perfeziona alcuni risultati di Teeteto e dà nuove dimostrazioni più rigorose di quelle dovute ai precedenti autori. In ogni caso, la formazione del materiale che poi andrà a confluire man mano nei vari trattati, tutti chiamati Elementi, scritti a partire probabilmente da Ippocrate di Chio, nato intorno al 470 a.C., risale ad un periodo a cavallo tra il VI ed il V secolo.

Nel corso del V secolo si sviluppa poi la geometria del cerchio che culmina nel lavoro di Ippocrate di Chio. Quest'ultimo avrebbe anche affiancato ai suoi Elementi un trattato sulla Quadratura delle Lunule.

Fin qui il materiale corrispondente agli Elementi di Euclide fino al terzo libro, mentre il IV libro sui poligoni inscritti e circoscritti risalirebbe ai Pitagorici ed il V libro, come già detto, ad Eudosso da Cnido. Il VI libro estende i contenuti del V ed il VII libro contiene nozioni aritmetiche relativamente antiche, risalenti al più al 400 a.C. I libri VIII e IX estendono i contenuti del libro VII fino alle odierne progressioni geometriche, completando l'aritmetica dei numeri naturali. Il libro X è uno dei più recenti ed anche più vasti, affrontando l'incommensurabilità e gli irrazionali; una parte non indifferente di esso risale a Teeteto, che fu contemporaneo a Platone, e di conseguenza risale sempre a Teeteto anche il libro XIII, l'ultimo di Euclide, in cui la teoria generale sui poliedri è basata sulla classificazione degli irrazionali.

Nel periodo compreso tra Teeteto ed Euclide erano intanto apparse almeno due edizioni notevoli degli Elementi: la prima dovuta a Leone che era giunto a considerare i Diorismi, cioè le condizioni di risolvibilità dei problemi, ed una seconda dovuta a Teudio di Magnesia che aveva perfezionato le definizioni, generalizzandole. Probabilmente quello di Teudio era il trattato su cui si basava Aristotele per i suoi studi metodologici e di approfondimento logico. In effetti attraverso Aristotele ci giunge notizia di dimostrazioni differenti rispetto a quelle riportate da Euclide, o che Euclide aveva scartato.

Gli Elementi appaiono così a tutti gli effetti un'opera collettiva sviluppata nell'arco di secoli ed un'ulteriore conferma di ciò risiede nel titolo greco Στουχεια che si riferisce a "particelle cosmiche elementari interdipendenti" ed è sicuramente di origine antica [GIUSTINI, pag. 48].

L'evoluzione degli Elementi va proiettata però anche nel futuro, rispetto ad Euclide. Solo studi recenti hanno potuto escludere come scritti al tempo di Euclide ulteriori due volumi, i libri XIV e XV che appaiono in alcune tarde edizioni. Il libro XIV risale al 150 a.C., probabilmente scritto da Ipsiche o Ipsicle come proseguimento del libro XIII sui solidi regolari inscritti nella sfera. Anche il libro XV trattava dei solidi regolari, ma risale addirittura al VI° secolo d.C. [BOYER, pagg. 139-140]!

Attualmente, per risalire a quanto effettivamente possa attribuirsi ad Euclide, si fa riferimento a trascrizioni greche risalenti al periodo tra il X° e l' XI° secolo oppure a traduzioni dall'arabo al latino del XII° secolo.

Se si tiene conto che diversi autori greci come gli alessandrini Erone, intorno al 100 d.C., e Teone, il padre della matematica martire pagana Ipazia di Alessandria, intorno al 400 d.C., si sono riproposti di migliorare ed aggiornare gli Elementi nelle loro edizioni che non ci sono pervenute, è anche possibile che parte dell'opera "di Euclide" sia stata scritta … molto tempo dopo la sua morte [BOYER, pag. 140]!

A tutti gli effetti è come se gli Elementi di Geometria fossero *un'opera collettiva* che racchiude quindi in se stessa più di dieci secoli di studi dei migliori matematici e filosofi greci, piuttosto che un'opera riferibile al lavoro di un solo uomo, come potrebbe apparire a prima vista; peraltro un uomo che, data la scarsità di notizie sulla sua vita, per assurdo, potrebbe anche non essere mai esistito.

3. Definizioni e Postulati: la definizione XXII e la ridondanza del Quinto Postulato

bbiamo già detto che la questione del quinto postulato di Euclide era ritenuta molto importante ed animatamente discussa all'interno dell'Accademia e del Liceo; i greci si rendevano conto che il contenuto del quinto postulato che si credeva fosse stato dimostrato in realtà non lo era affatto e che ogni tentativo di dimostrazione cadeva inesorabilmente in un circolo sottilmente vizioso.

Ed Aristotele parlava della possibilità di costruire una geometria a partire da un postulato che affermasse l'opposto, riportando esplicitamente ad esempio che se la somma degli angoli interni di un triangolo non fosse uguale a due retti esisterebbero differenti conseguenze per la geometria.

Quindi una qualche variante di geometria non-euclidea, costruita sulla negazione del quinto postulato, doveva esistere *prima* di Aristotele.

È anche noto che nei secoli successivi ad Euclide, fino in epoca moderna, è stata dimostrata l'equivalenza del quinto postulato con altre definizioni o teoremi molto differenti ma perfettamente sostituibili ad esso. Ad esempio una delle più antiche risale a Giordano Vitale da Bitonto e lo equivale all'esistenza di rette equidistanti, oppure all'esistenza di tre punti allineati equidistanti da una retta data.

Anche la somma degli angoli del triangolo pari a 180° equivale al quinto postulato, come pure l'esistenza di triangoli simili (Wallis), l'esistenza di almeno un rettangolo (Saccheri-Legendre), la dimostrazione del teorema di Pitagora (Reyes), l'unicità della retta parallela ad una retta data (Playfair), il passaggio di una circonferenza per tre punti non allineati qualsiasi (Bolyai), ora il Teorema dell'attraversamento (Furnari, 2009 vedi alle pagine 89 – 91).

A mio avviso, una particolare importanza è da assegnare all'equivalenza del quinto postulato con l'esistenza di almeno un rettangolo. Se andiamo a rivedere le ultime definizioni ed i postulati così come originariamente attribuiti ad Euclide:

definizioni

 ...
XIX ➤ Figure rettilinee sono quelle comprese da rette, vale a dire: figure trilatere quelle comprese da tre rette, quadrilatere quelle comprese da quattro, e multilatere quelle comprese da più di quattro rette

XX ➤ Delle figure trilatere, è un triangolo equilatero quello che ha i tre lati uguali, isoscele quello che ha soltanto due lati uguali, e scaleno quello che ha i tre lati disuguali

XXI ➤ Infine, delle figure trilatere, è triangolo rettangolo quello che ha un angolo retto, ottusangolo quello che ha un angolo ottuso, ed acutangolo quello che ha i tre angoli acuti

XXII
> Delle figure quadrilatere, è quadrato quella che è insieme equilatera ed ha gli angoli retti, rettangolo quella che ha gli angoli retti, ma non è equilatera, rombo quella che è equilatera, ma non ha gli angoli retti, romboide quella che ha i lati e gli angoli opposti uguali fra loro, ma non è equilatera né ha gli angoli retti. E le figure quadrilatere oltre a queste si chiamano trapezi

XXIII
> Parallele sono quelle rette che, essendo nello stesso piano, e che, venendo prolungate illimitatamente dall'una e dall'altra parte, non si incontrano fra loro da nessuna delle due parti

Postulati

I   ❖ Risulti postulato: che si possa condurre una linea retta da un qualsiasi punto ad ogni altro punto

II ❖ E che una retta terminata si possa prolungare continuamente in linea retta

III ❖ E che si possa descrivere un cerchio con qualsiasi centro ed ogni distanza

IV ❖ E che gli angoli retti siano uguali fra loro

V
❖ E che, se una retta venendo a cadere su due rette forma gli angoli interni e dalla stessa parte minori di due retti, le due rette prolungate illimitatamente verranno ad incontrarsi da quella parte in cui sono gli angoli minori di due retti

ne deriva che se la definizione XXIII di rette parallele non ha lo stesso significato del quinto postulato perché in essa manca l'unicità della retta parallela ad un'altra per un punto esterno, oppure manca l'equidistanza tra i punti di due rette parallele, invece può ben averlo la definizione XXII. Infatti l'esistenza di almeno un rettangolo (Saccheri-Legendre), o di almeno un quadrato, è del tutto equivalente al quinto postulato, nel senso che duplicando ed accostando indefinitamente un rettangolo oppure un quadrato risultano immediatamente costruite due rette parallele che non si incontrano fra loro da nessuna delle due parti e di cui si dimostra facilmente l'unicità e l'equidistanza dei punti. Ne segue allora che la definizione XXIII deriva direttamente dalla XXII e, soprattutto, che *il quinto postulato è ridondante e potrebbe persino essere eliminato.* Specialmente se lo si considera più un postulato sulle parallele che sulle condizioni per cui due rette si incontrano, come in effetti è.

Sarebbe più corretto chiamarlo "postulato delle oblique", o meglio "teorema delle oblique" data la dimostrazione che seguirà, considerando che l'equivalenza con l'unicità della parallela sembra valida solo nell'ambito della geometria Euclidea e che proprio come "teorema delle oblique" continua a valere, con alcune modifiche, nelle geometrie non-euclidee (vedi prossimo articolo).

4. Saccheri del tutto in errore: cade la confutazione dell'angolo ottuso

Un secolo fa, con un teorema, Hilbert aveva provato che non è possibile costruire un modello di geometria iperbolica sul piano euclideo che contemporaneamente mantenga euclidei sia il significato di retta che quello di angolo. Beltrami e Klein studiarono il caso del piano iperbolico limitato da una circonferenza con rette euclidee ma con angoli non euclidei, difficilmente immaginabili, mentre sul piano di Poincaré una geometria non euclidea compatibile con quella di Bolyai e Lobačevskij contempla rette iperboliche non-euclidee (archi di cerchio ortogonali al cerchio limite od ideale) ma con gli angoli euclidei. Non sembra infine sia stata mai presa in considerazione la costruzione sul piano euclideo di un modello di geometria non-euclidea di tipo ellittico, cioè, dal punto di vista estrinseco, con somma degli angoli interni di un triangolo maggiore di 180° come per la geometria sulla sfera, e che non mantenga il significato euclideo né per le rette né per gli angoli.

Plausibilmente per la confutazione dell'angolo ottuso, che qui viene a cadere, dovuta a Saccheri.

Come noto, la geometria non-euclidea ellittica ed il triangolo con somma degli angoli interni maggiore di 180° si possono rapportare all'ipotesi dell'angolo ottuso presa in considerazione e "confutata" da Gerolamo Saccheri nel suo famoso ***"Euclides ab omni naevo vindicatus"***, pubblicato nel 1733 sulle orme delle "Discussioni sulle difficoltà in Euclide" *Risâla fî sharh mâ ashkala min musâdarât Kitâb 'Uglîdis* del matematico persiano Omar Kayyam (1048–1126).

Saccheri vi enuncia e dimostra infatti la sua

PROPOSIZIONE XIV:

l'ipotesi dell'angolo ottuso è
completamente falsa perché distrugge se stessa.

Si è quindi sempre ritenuta valida questa dimostrazione e si è sempre considerato il piano ellittico non direttamente costruibile, come si fa con quello iperbolico. Al più si è considerata superabile la dimostrazione di Saccheri affermando che ne risulterebbe "soltanto" la non compatibilità dell'ipotesi dell'angolo ottuso con gli altri postulati posti a fondamento della geometria naturale stessa, prima ancora che della geometria euclidea.

È così che Riemann, modificando il senso del primo e del secondo postulato, per cui per due punti possono passare più rette e le rette risultano ancora illimitate ma di lunghezza finita, introduce in sostituzione del V postulato il suo Assioma: *"due rette qualsiasi su di un piano hanno sempre almeno un punto in comune"*.

E fonda due possibili geometrie non-euclidee che, secondo la nomenclatura di Klein, sono la geometria sferica e la geometria ellittica, che qui non approfondiamo. Evidenziamo solo la differenza con la mia geometria degli archi diametrali: sul piano della geometria ellittica di Riemann si possono individuare delle linee curve equidistanti da una linea retta ellittica, dette "parallele di Clifford" e nello spazio ellittico si possono definire come luoghi di punti equidistanti da una retta ellittica le cosiddette "superfici di Clifford", che hanno proprietà analoghe alle orisfere iperboliche; infine, sulle superfici di Clifford si possono individuare delle linee equivalenti agli oricicli sull'orisfera, tali da *soddisfare gli assiomi della geometria euclidea* bidimensionale.

Invece in una mia geometria "degli archi diametrali" gli assiomi della geometria euclidea risultano, dal punto di vista intrinseco, direttamente soddisfatti.

In questo lavoro vogliamo però solo riconsiderare la dimostrazione della proposizione XIV del Saccheri.

Senza riportare la dimostrazione dall'inizio, possiamo dire che il Saccheri, dopo aver dimostrato che quanto vale per un solo quadrilatero birettangolo isoscele o per un solo triangolo vale per tutti gli altri, giunge anche a dimostrare che

1) *"nell'ipotesi dell'angolo retto ed in quella dell'angolo ottuso una perpendicolare ed un'obliqua ad una stessa retta si incontrano".*

Poi afferma che sia nell'ipotesi dell'angolo retto che in quella dell'angolo ottuso la 1), che equivale al postulato dell'obliqua, a sua volta equivale al V postulato, ma che, se nell'ipotesi dell'angolo retto resta coerentemente dimostrato che la somma degli angoli interni di un triangolo qualsiasi vale 180°, nell'ipotesi dell'angolo ottuso si giunge ad una contraddizione, perché il V postulato equivale all'ipotesi dell'angolo retto e quindi distrugge quella dell'angolo ottuso, ancor prima di dimostrare alcunché sui triangoli [AGAZZI-PALLADINO, pag. 70].

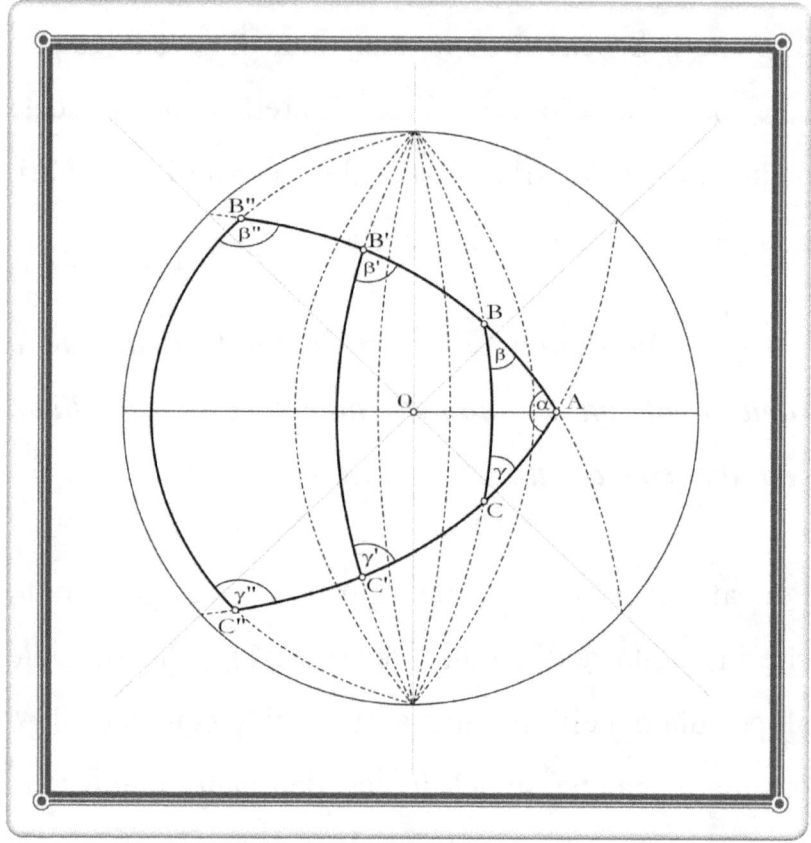

Figura 1

A mio avviso occorre però riconsiderare l'equivalenza della 1) con il V postulato, nel caso dell'ipotesi dell'angolo ottuso. La differenza con l'ipotesi dell'angolo retto è sottile e mostra quanto delicate possono essere le dimostrazioni nella geometria "neutrale".

Nel caso dell'ipotesi dell'angolo ottuso la 1) è in qualche modo *incompleta*, in quanto parte di condizioni più estese che "la fanno valere a maggior ragione"; infatti nell'ipotesi dell'angolo ottuso si incontrano ad esempio anche le coppie di rette entrambe perpendicolari ad una stessa retta, e non solo le oblique!

La dimostrazione di Saccheri della 1) andrebbe differenziata, e poi nell'ipotesi dell'angolo ottuso completata, in modo da ricomprendere anche le coppie di rette perpendicolari, come peraltro indicherebbe il teorema della moderna geometria ellittica per cui "tutte le perpendicolari ad una retta concorrono in un punto", dimostrato a partire dall'assioma di Riemann.

Infine si può considerare che nella geometria sulla sfera, doppiamente ellittica, due rette comunque disposte si incontrano sempre in due punti antipodali, per cui l'incontrarsi di una perpendicolare e di un'obliqua ad una stessa retta non dimostra alcunché, tantomeno il V postulato.

Ne risulta che nell'ipotesi dell'angolo ottuso la 1) *non* è equivalente al V postulato, per cui *cade la proposizione XIV di Saccheri*.

E questo, in particolare, anche perché cade, come vedremo più avanti alle pagine 109-122, il *teorema di Saccheri-Legendre* secondo il quale "*la somma degli angoli di un triangolo qualsiasi non può superare 180°*", finora ritenuto valido nella geometria neutrale (per rimanere in tema, non riporto già qui la mia dimostrazione diretta).

Come si può vedere in figura 1, sul piano ellittico rappresentato come modello all'interno della geometria euclidea – tridimensionale – si possono disegnare triangoli in cui, dal punto di vista estrinseco, la somma degli angoli supera i 180°.

Bene, vediamo allora più da vicino la parte conclusiva del lavoro di Gerolamo Saccheri circa la confutazione dell'angolo ottuso.

Inizialmente la sua dimostrazione, dato che ne trova un'altra valida per tutti e tre i casi, ignora il risultato che più avanti dimostro errato $S \le 2R$, ma che egli ritiene corretto, giungendo a: "data una retta **t** ed un'obliqua **s**, proiezioni ortogonali su **t** di segmenti uguali e consecutivi su **s** portano a segmenti consecutivi decrescenti nel caso dell'angolo acuto, identici per l'angolo retto e crescenti nel caso dell'angolo ottuso".

Ovviamente non riporterò tutto in queste poche pagine; si veda l'insuperabile quanto a completezza e profondità delle osservazioni:

AGAZZI Evandro – PALLADINO Dario, 1998, "Le geometrie non euclidee e i fondamenti della geometria dal punto di vista elementare", Editrice La Scuola, Brescia, ISBN 9788-350-9450-0, nonché il recente

PALLADINO Dario – PALLADINO Claudia, 2008-2012, "Le geometrie non euclidee", Carocci Editore, Roma, ISBN 9788-430-4690-4

che ne è un sunto.

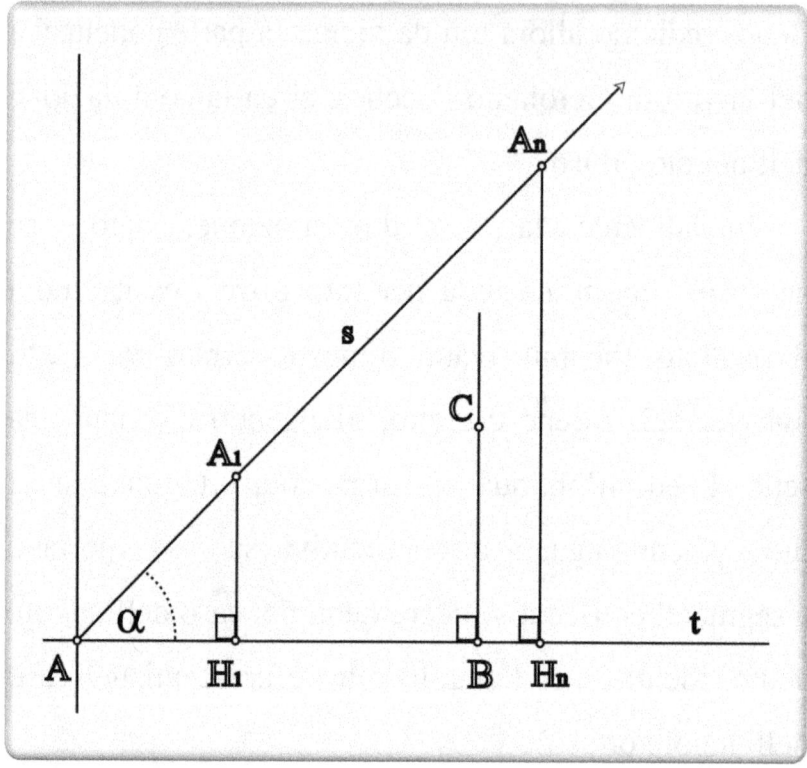

Alla fine, per entrambe le ipotesi dell'angolo retto e dell'angolo ottuso, Saccheri per due rette tra loro oblique **s** e **t** esamina la perpendicolare a **t** condotta per il punto B. Sfruttando l'assioma di Archimede a partire da una perpendicolare prossima di cui siano noti H_1 ed A_1 come in figura, determina $AH_n = n\,AH_1$ con $AH_n > AB$. I punti H_n corrispondono a punti A_n estremi di segmenti uguali e quindi su **t** i segmenti sono identici per l'angolo retto e crescenti per l'angolo ottuso. Questo non si può effettivamente raffigurare attenendoci a linee rette, per cui la dimostrazione rimane un po' intuitiva, ed approssimativa: immagino Saccheri usasse in realtà disegni con rette **s** un po' "incurvate" come nelle geometria ellittica o sferica…

Infine egli può affermare che un punto C relativamente prossimo a B deve rientrare all'interno del triangolo AH_nA_n. Quindi ecco che ricorre alla relazione che abbiamo appena dimostrato errata: $S \leq 2R$, nella forma: le due perpendicolari a **t**, BC ed H_nA_n non possono incontrarsi altrimenti formano un triangolo con due angoli retti; quindi la perpendicolare per B deve incontrare **s**.

Invece nella geometria neutrale questo è falso e la confutazione dell'angolo ottuso già qui fallisce.

Ma anche più avanti fallisce, perché Saccheri afferma che in questo modo, nell'ipotesi dell'angolo ottuso viene confermato il Postulato dell'Obliqua PO e quindi il Quinto Postulato, che a sua volta corrisponde all'ipotesi dell'angolo retto che distrugge quella dell'angolo ottuso. Data però la falsità della

$S \leq 2R$, come abbiamo visto, proprio nell'ipotesi dell'angolo ottuso le rette della geometria neutrale possono incontrarsi sempre, quindi indipendentemente ed a maggior ragione che per il Quinto Postulato che in tal caso continua a valere solo banalmente.

4.1. Cadono tutte le proprietà delle rette iperboliche

Anche nella più lunga e complessa dimostrazione volta alla refutazione dell'angolo acuto, già nella parte iniziale si richiama la stessa situazione delle due perpendicolari alla stessa retta che non possono incontrarsi.

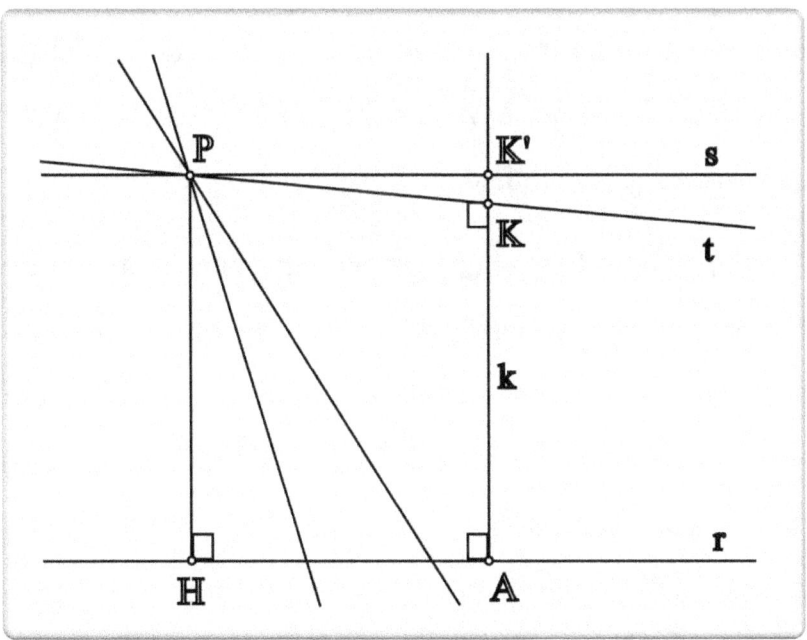

Nella figura sono le due rette **t** ed **r**, mentre il quadrilatero AHPK ha l'angolo acuto in P.

Se **t** ed **r** possono invece incontrarsi, **t** si comporta esattamente come le altre secanti ad **r**.

Quindi la confutazione fallisce in partenza. Essa non è stata comunque riconosciuta valida perché l'esistenza di rette asintotiche non viene considerata sufficientemente assurda da confutare l'ipotesi dell'angolo acuto. Ritengo invece che una "retta" che debba avere le caratteristiche di un ramo d'iperbole rispetto al suo asintoto non sia compatibile con la geometria neutrale, come non lo è con la geometria euclidea. Ma non è necessario approfondire questo aspetto: Saccheri fallisce prima. Troppo presto.

Fallisce infatti ben prima di poter dimostrare che le rette condotte da P ad **r** ad un certo punto smettono di essere secanti e quindi ci deve essere una retta limite **m** che le separa dalle non secanti, ovvero dalle iperparallele. E prima che si possa parlare di angolo di parallelismo.

Infine si dimostra la possibilità che una retta **r** della geometria neutrale sia asintotica, in quanto può approssimarsi ad un'altra retta s più di una quantità ε piccola a piacere; ma anche qui si ricorre all'angolo di parallelismo ed alle due parallele limite ad s nei due versi, quelle di cui Saccheri non può più dimostrare l'esistenza.

Questo significa che tranne la geometria sulla sfera e quella della Pseudosfera di Beltrami, o quella ellittica della Relatività Generale scelta da Einstein per ottenere una maggior semplicità delle leggi fisiche, e cioè tranne i casi laddove le geodetiche sono effettivamente tali su superfici curve, le altre geometrie non euclidee, a partire da quella iperbolica, sono geometrie costruite "ad hoc". E sono incompatibili già in partenza con la geometria neutrale in quanto contenenti elementi come archi di cerchio intesi come rette, angoli non euclidei o misure deformate, sempre "ad hoc". Elementi che è arduo già solo pensare di correlare alla "semplice" geometria neutrale.

Come ultima osservazione, è da notare che sia nella confutazione dell'ipotesi dell'angolo ottuso di Saccheri che nella trattazione, anche attuale, dell'angolo acuto, cioè nella geometria iperbolica, si fa implicitamente, ed anche esplicitamente, uso dell'assioma di Pasch. Esso però deriva dal teorema dell'attraversamento del triangolo – crossbar – che ho dimostrato essere equivalente al Quinto Postulato di Euclide.

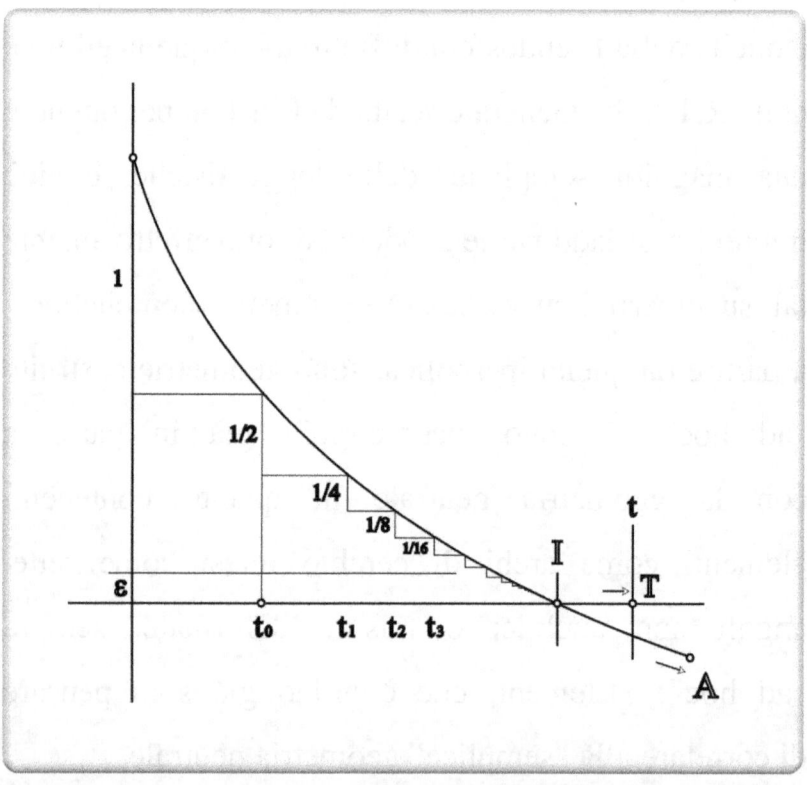

Concludiamo questo capitolo accennando ad un particolare "Zenone non euclideo": se Achille insegue la tartaruga anche sul piano iperbolico, non è sufficiente ottenere indefinitamente intervalli inferiori ad una quantità ε piccola a piacere per dimostrare che una retta sia asintotica ad un'altra.

Achille infatti supera comunque in I la tartaruga, e lo si vede facilmente se entrambi devono raggiungere un traguardo posto oltre: il traguardo **t** di Aristotele.

Occorrono quindi ulteriori condizioni. Ad esempio, nel caso della precedente dimostrazione dell'esistenza della retta asintotica occorrerebbe una successione convergente nel senso dell'approssimarsi alla retta **s**, correlata ad una successione divergente verso destra. Ma ritengo arduo che lo si possa realmente realizzare nell'ambito della geometria neutrale.

5. Esigenza di maggior sintesi

L a serie di proposizioni euclidee, originali e riviste, presenta una notevole frammentazione di risultati e concetti pur tra di loro coerenti. Questo spinge all'esigenza di una maggior sintesi, che peraltro cerco di raggiungere in altri miei lavori, e che si riassume qui di seguito:

5.1. Esistenza e relazioni tra punti, rette, piani, spazio, tempo

- Spazio Geometrico
  - Insieme delle possibili posizioni che i punti possono occupare: è il luogo geometrico più denso ed esteso possibile

- Punti
  - Punto geometrico: ente "il più semplice possibile", composto solo da se stesso

- Rette
  - Per due punti passa un'unica retta
  - Per un punto passano infinite rette

- Rette

  - I punti su di una retta sono "allineati"

  - Esistono punti non appartenenti ad una retta; sono "non allineati" rispetto a due punti che individuano la retta

  - Esistono 3 punti non allineati; questo equivale all'esistenza del triangolo (non degenere) [tre punti non allineati individuano, a coppie, tre rette distinte che si intersecano tra di loro]

- Piani

  - Piano: luogo geometrico composto da tutte le (infinite) rette passanti per un punto P e per ciascun punto di una retta r cui il punto P non appartenga

  - Due punti individuano una retta e con un terzo punto non allineato un piano

  - Tre punti non allineati sono "complanari"

  - Sul piano esistono punti allineati, appartenenti ad una stessa retta, e punti complanari non allineati

- Spazio Geometrico

  - Esistono 4 punti non complanari [cioè tre punti complanari (non allineati) ed un punto non appartenente al piano individuato dai primi tre punti]

  - Esistono rette che non appartengono ad un dato piano

  - Al più una retta ed un piano cui essa non appartiene hanno un unico punto in comune

  - Esistono rette sghembe, non intersecantisi e non complanari [una retta che intersechi un piano in unico punto ed una retta del piano non passante per quel punto]

- Spazio Geometrico

  - Copertura dell'intero Spazio Geometrico definendo il luogo geometrico delle rette per un punto P e ciascun punto di un piano cui il punto P non appartenga

  - Copertura dell'intero Spazio Geometrico definendo il luogo geometrico dei piani passanti per una retta r e per ciascun punto di una seconda retta sghemba rispetto ad r

  - Non esistenza di ulteriori possibili posizioni che i punti possono occupare nello Spazio Geometrico

  - Non esistenza di ulteriori dimensioni geometriche, oltre tre, nella Geometria Elementare (non ipotetica) [*]

  - Possibilità di sistemi di coordinate in 1, 2, 3 Dimensioni [coordinate riportate su 1 retta, su 2 rette distinte con un punto in comune (Origine degli Assi Cartesiani), su 3 rette distinte con un punto in comune]

  - Non esistono ulteriori punti oltre lo Spazio Geometrico, ma un "oggetto geometrico" può corrispondere a punti-coordinate differenti in tempi differenti [movimento]

- Tempo

  - Il tempo è misurabile ed assimilabile ad una coordinata simile a quelle spaziali, pur essendo di natura diversa

- Movimento

  - L'intero Spazio Geometrico "trasla" lungo la coordinata tempo rimanendo in parte uguale, in parte cambiato rispetto a se stesso

[*] fin quando non si considerino, ad esempio, le funzioni di una variabile complessa che di per se stesse implicano quattro dimensioni.

- Movimento,
  Relatività
  Generale

  - Secondo la Fisica Relativistica, nelle leggi fisiche le coordinate spaziali e temporale interagiscono in modo tale che il moto degli oggetti fisici risulta **forzato** lungo linee "geodetiche"; questo equivarrebbe ad un moto in uno spazio incurvato se il moto fosse "naturale" (inerziale), e non forzato come in effetti avviene per via delle forze gravitazionali.

Per il seguito, mettiamo in particolare evidenza:

- Esistenza di 3 punti non allineati; equivalente all'esistenza del triangolo (non degenere) [anche in Geometria Assoluta]

- Assiomi dell'ordine, tra cui la Tricotomia [ODIFREDDI pag. 219]:

$$a < b \quad \text{oppure} \quad a = b \quad \text{oppure} \quad a > b$$

6. Una dimostrazione del Quinto Postulato

Partiamo da un triangolo (non degenere) individuato da tre punti distinti e non allineati A ≠ B ≠ C, B ∉ r, A ∉ s, C ∉ t. Il triangolo avrà pertanto tre angoli non nulli α, β e γ, minori di 180°.

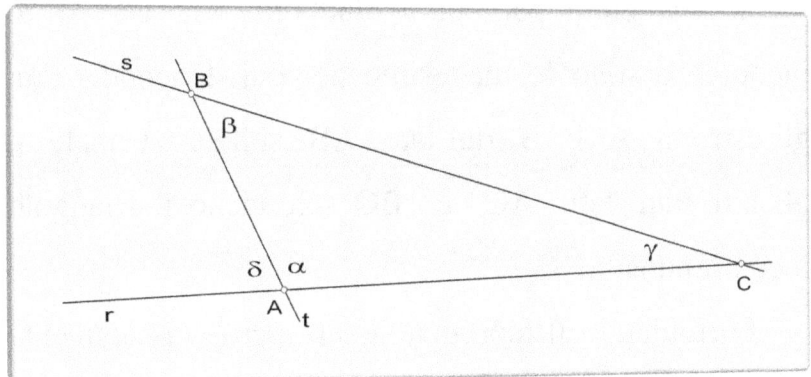

I tre lati AC, AB e BC individuano le tre rette r, s e t; r ed s si incontrano in C.

Se consideriamo la relazione tra l'angolo interno β e quello esterno δ, per l'assioma d'ordine di Tricotomia potremo avere solo tre possibili casi:

1) $\beta < \delta$ 2) $\beta = \delta$ 3) $\beta > \delta$

che possiamo esaminare per verificare quale relazione tra β e δ sia coerente con il fatto che le rette r ed s si intersecano in C.

Prima di proseguire è però opportuno precisare che è del tutto equivalente, solo più lungo e dispersivo, partire come Euclide da due rette r ed s tagliate da una trasversale t che si incontrano in C, e considerarne la relazione con gli angoli α e β.

Le condizioni per cui le due rette r ed s si incontrano sono le medesime per cui, tenendo fermi gli estremi A e B del lato AB sulla trasversale t, gli altri due lati AC e BC chiudano il triangolo incontrandosi in C.

Formulando il teorema, si farà però classicamente riferimento alle rette r, s e t piuttosto che al triangolo ABC.

Inoltre si esamina solo il caso che il punto d'incontro C stia sul semipiano a destra della retta t, essendo equivalente per simmetria il caso opposto.

◦ Caso 1) $\beta < \delta$

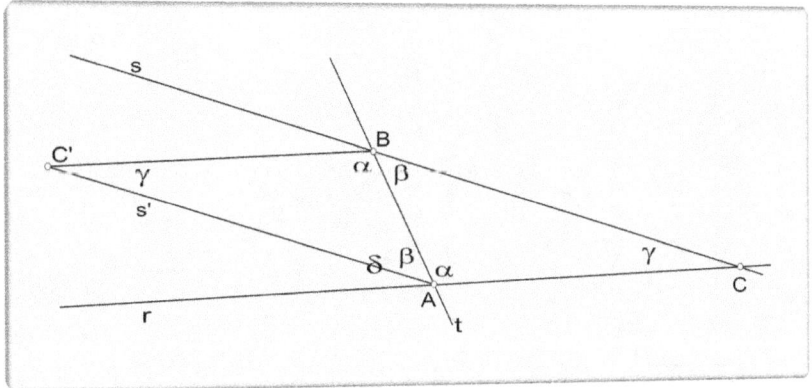

Se $\beta < \delta$ si può riportare β all'interno di δ, individuando la retta s'.

Allora, benché superfluo, se si riporta su di s'
AC' = BC, i due triangoli ABC ed ABC' sono uguali
per il Criterio (moderno assioma) SAS per avere
$\beta = \beta$, AB in comune e BC = AC'. Ne deriva $\gamma = \gamma$.
Considerando il quadrilatero ACBC' si vede che è un
romboide o losanga [Definizione 22] per avere i lati
opposti uguali e gli angoli opposti γ, $\alpha + \beta$ uguali.

La losanga è una figura chiusa, ed r ed s devono
intersecarsi in C. Infine, come ultima importante
considerazione, dall'evidente complementarità di
α e δ, cioè $\alpha + \delta = 180°$, e da $\beta < \delta$ deriva
necessariamente $\alpha + \beta < 180°$.

° Caso 2) β = δ

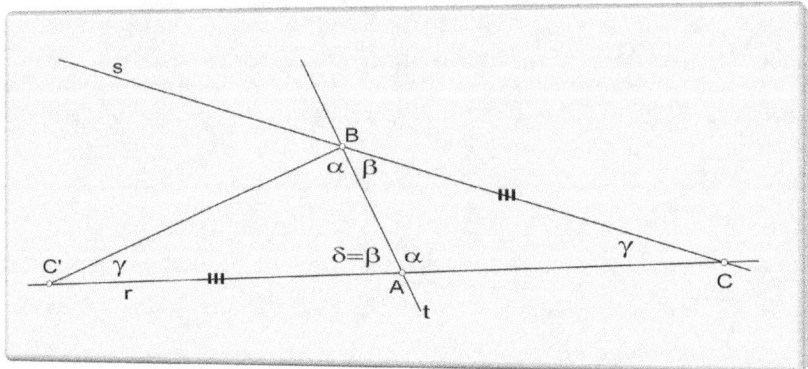

Sulla retta r prendiamo C' tale che AC' = BC. Allora i due triangoli ABC ed ABC' sono uguali per SAS per avere AB in comune, AC' =BC, β = δ. Ne segue che risultano uguali anche gli angoli α. Ma da α + δ = 180° e da β = δ segue che è anche α + β = 180° ed i tre punti C, B e C' dovrebbero essere collineari. Ma non possono esserlo, perché il punto B per ipotesi non può stare sulla retta r che contiene C e C': B ∉ r.

Allora r ed s non potranno incontrarsi in un punto C, da qualsiasi parte stia C su r rispetto ad A. Le rette r ed s sono **parallele**, secondo la Definizione 23, ed α + β assume *esclusivamente* il valore univoco α + β = **2R = 180°**.

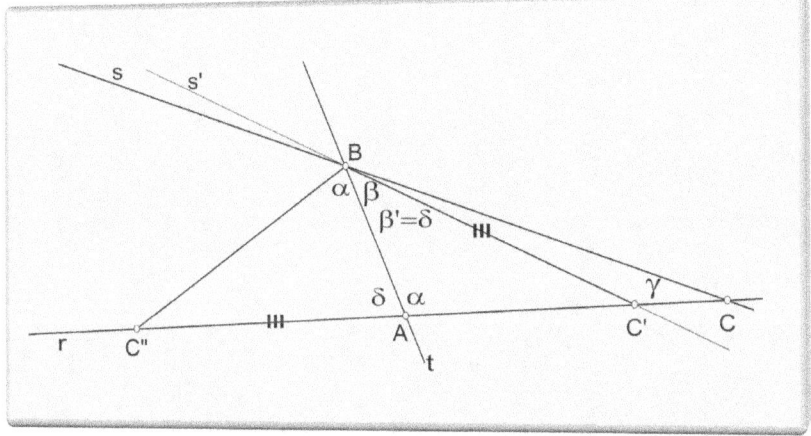

Se β > δ, allora si può riportare δ all'interno di β, individuando β' = δ e la retta s' che interse-cherà r in C' per il Teorema di attraversamento (crossbar).

In questo modo si ricade però nel caso 2) precedente, dato che costruendo il triangolo ABC'' con AC'' = BC' esso risulterà per SAS uguale al triangolo ABC' e quindi dovrebbero essere collineari i tre punti C', B e C'', che invece non possono esserlo.

Allora né r ed s' si intersecano in C', né r ed s si intersecano in C, se C deve rispettare la condizio-ne di rimanere nel semipiano a destra della retta t. Se invece eliminiamo la suddetta condizione, inizialmente

imposta, potrebbe verificarsi che le rette r ed s si in-
tersechino nel semipiano a sinistra rispetto alla retta t.

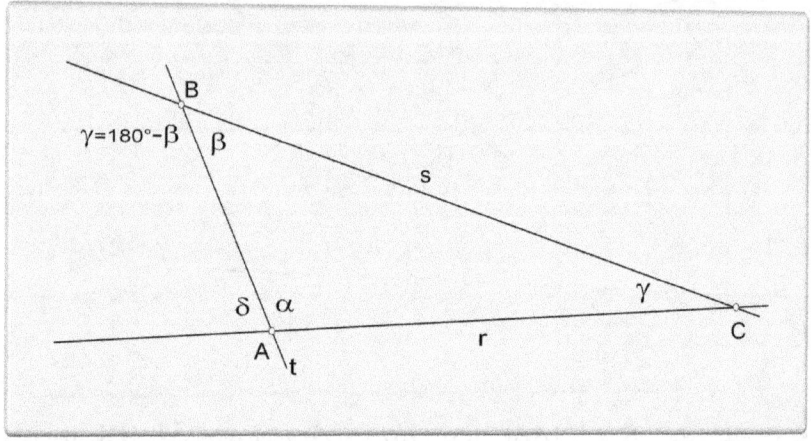

Quindi consideriamo il semipiano a sinistra rispetto
alla retta t e le semirette parti di r ed s a sinistra
rispetto alla retta t, ovvero rispetto ai punti A e B.

Gli angoli che dovremo prendere in considerazione
al posto di α e β sono ora $\gamma = 180°$ - β e δ,
mentre l'angolo α avrà la stessa funzione che prima
aveva δ.

Sommando γ e δ otteniamo $180° - \beta + \delta < 180°$
perché rimaniamo sempre nel caso $\beta > \delta$, cioè
abbiamo $\gamma + \delta < 180°$; quanto ad α, confrontando
l'evidente $\alpha = 180° - \delta$ sempre con $\beta > \delta$,
ricaviamo $\alpha > 180° - \beta$ e cioè infine $\alpha > \gamma$.

Concludendo, constatiamo che le condizioni sono esattamente quelle del caso 1) e quindi con analoga costruzione che tralasciamo si ottiene che le due rette r ed s devono necessariamente incontrarsi in un punto C a sinistra della retta t e che sullo stesso semipiano la somma degli angoli interni che le rette r ed s formano con la retta trasversale t è inferiore a 180°.

Partendo dalle tre relazioni di tricotomia, il primo ed il terzo caso portano allora al medesimo risultato: le due rette si incontrano necessariamente nel semipiano in cui la somma degli angoli che formano con la retta trasversale è inferiore a 180°, il secondo caso stabilisce invece che le due rette *non* possono incontrarsi se la somma degli angoli che formano con la retta trasversale è esattamente uguale a 180°.

Il risultato è notevole: Resta dimostrato l'ex Quinto Postulato di Euclide, che riportiamo come

○ **TEOREMA F** *– se due rette r ed s formano da una parte di una trasversale t angoli coniugati interni la cui somma è minore di due retti (180°), esse si incontrano da quella stessa parte della trasversale t.*

Ed in più, possiamo formulare anche il seguente

° TEOREMA G – *se due rette r ed s formano dalle due parti di una trasversale t angoli coniugati interni la cui somma è uguale a due retti (180°), esse non possono incontrarsi da nessuna delle due parti rispetto alla trasversale t.*

Osserviamo che le due rette sono parallele conformemente alla Definizione XXIII e che, essendo univoca la condizione del loro parallelismo espressa da $\alpha + \beta = 180°$, è univoca anche la loro relazione di reciproco parallelismo. Quindi il Teorema G si può esprimere anche come l'equivalente

° TEOREMA P – *la retta parallela ad una retta r costruita a partire da un punto P esterno a detta retta r è unica.*

Il Teorema P supera il postulato di Playfair, che si dimostra corrispondere al Teorema G piuttosto che al quinto postulato di Euclide, ora Teorema F. Ed in effetti, come noto, trasportandoli entrambi nella geometria sulla sfera, il postulato di Playfair, come anche il teorema G, perde di significato non esistendo le parallele nella geometria ellittica, mentre il quinto postulato di Euclide vi è banalmente sempre valido – a maggior ragione – dato che tutte le rette si incontrano sempre in due punti antipodali.

Resta ovvio che i teoremi appena dimostrati sono certamente validi nell'ambito della geometria euclidea, ma che la loro validità o meno nelle geometrie non euclidee, o, se si vuole, nella geometria assoluta, deve essere verificata trasportandoli nelle singole geometrie.

Come prevedibile, il Teorema G e l'equivalente teorema P perdono di significato, considerando anche che le geometrie non euclidee scaturiscono direttamente dalla loro negazione. Salvo adottare differenti definizioni di parallelismo, come proposto nel terzo articolo.

Invece il Teorema F sopravvive non banalmente se opportunamente riformulato come nel prossimo articolo. Nessuno rimane valido nella geometria assoluta.

Proseguendo, se consideriamo direttamente le relazioni 1) $\beta < \delta$ o 3) $\alpha > \gamma$ ed il triangolo ABC, resta dimostrata senza le perplessità che possono scaturire dalla dimostrazione di Euclide, non valida nella geometria sulla sfera, la Proposizione I.16 dell'angolo esterno:

◦ PROPOSIZIONE I.16 – *l'angolo esterno di un triangolo è maggiore di ciascun angolo interno non adiacente.*

Il Teorema F ex Quinto Postulato e la Proposizione I.16 risultano dimostrate contemporaneamente, e dato che sono fondamentali in Euclide, seguono come corollari diverse altre proposizioni, dirette ed inverse.

Ad esempio, si può iniziare subito con la I.17, quella che viene considerata come l'inversa del Quinto Postulato:

◦ COROLLARIO 1 – ex proposizione I.17 : *in ogni triangolo la somma di due angoli, comunque presi, è minore di due retti.*

Esso deriva direttamente dalle relazioni $\alpha + \beta < 180°$, o $\gamma + \delta < 180°$, sempre considerando il triangolo ABC.

Direttamente dal caso 2) $\beta = \delta$, oppure anche dalla Proposizione I.16, deriva il

- **COROLLARIO 2** – ex proposizione I.27 : ***due rette tagliate da una trasversale e formanti angoli alterni interni uguali sono parallele.***

Dato che $\alpha + \beta = 180°$, essi sono angoli supplementari, mentre α e γ sono opposti al vertice e quindi uguali. Ovvero: gli angoli coniugati sono supplementari e quelli corrispondenti sono uguali (figura seguente, parte a sinistra).

Ma vale anche l'inverso. Cioè, se r ed s sono parallele come sopra descritto, una terza retta s' passante per B e che forma un angolo ε con s non potrà avere gli angoli alterni interni uguali ($\delta \neq \alpha$, $\gamma \neq \beta$) per poter rientrare nella condizione di parallelismo. Ed è facile dedurre che se è $\delta < \beta$ e necessariamente $\gamma > \alpha$ allora sarà γ a svolgere la funzione di angolo esterno del triangolo che potrà esistere soltanto dal lato opposto, cioè dal lato dove $\alpha + \delta < 180°$ (figura seguente, parte destra).

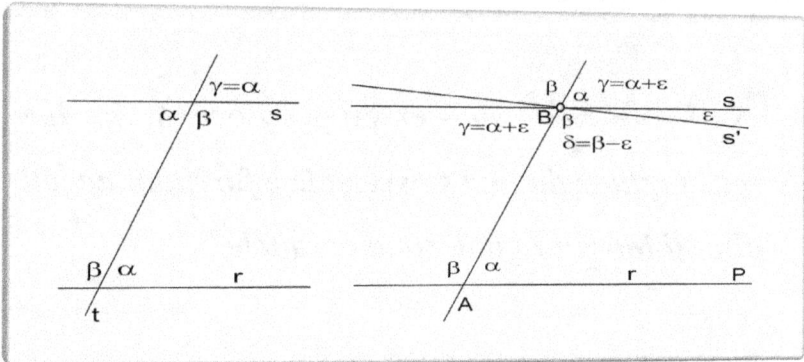

Concludendo, se la retta s' non possiede gli angoli alterni interni uguali, non potrà essere parallela ad r, ed ugualmente la retta s che sia parallela ad r avrà gli angoli alterni interni uguali: dovrà essere $\varepsilon = 0$ ed s sarà l'*unica* parallela ad r passante per il punto A, cioè:

○ **COROLLARIO 3**: *la parallela s alla retta r, passante per il punto B ∉ r è unica.*

Con questo corollario si dimostra nuovamente quanto già formulato nel Teorema P, in omaggio all'importanza assegnata all'unicità della parallela nella geometria euclidea.

Deriva direttamente anche il

∘ **COROLLARIO 4** – ex proposizione I.29 (inversa della I.27) : *due parallele, r ed s, tagliate da una trasversale t, formano angoli alterni interni uguali, angoli corrispondenti uguali ed angoli coniugati interni supplementari.*

Infatti, se invece gli angoli alterni interni (β e δ del caso 2) non fossero uguali, si ricadrebbe nel caso 1) $\beta < \delta$ oppure 3) $\beta > \delta$ e le due rette r ed s non potrebbero essere parallele, dato che si incontrano nel punto C.

E seguono organicamente gli ulteriori corollari :

∘ **COROLLARIO 5** – Proposizione I.34 – *nel parallelogramma i lati e gli angoli opposti sono uguali e ciascuna diagonale lo divide in due triangoli di metà area.*

(vedi figura)

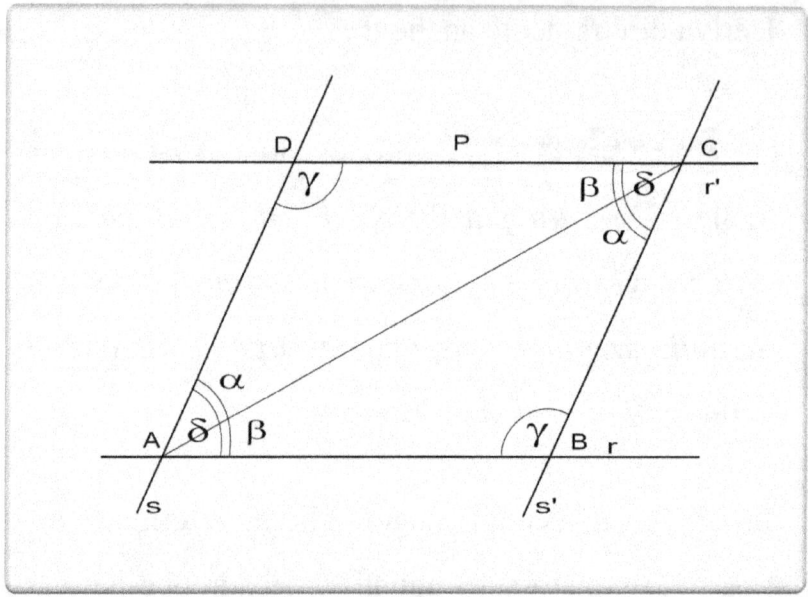

Se il segmento AC taglia due rette r ed r' in modo da formare i due angoli alterni interni uguali β, allora per I.27 r ed r' sono parallele. Se contemporaneamente AC taglia s ed s' in modo da formare i due angoli alterni interni uguali α, allora sempre per I.27 s ed s' sono parallele.

Di conseguenza il quadrilatero ABCD è un parallelogramma, per come esso stesso è definito. Inoltre i due triangoli ABC ed ADC sono uguali per l'assioma criterio ASA, avendo AC in comune e gli angoli adiacenti uguali.

Avremo: lati opposti uguali, angoli opposti γ e

$\delta = \alpha + \beta$ uguali, ed i due triangoli, essendo uguali, possiederanno la stessa estensione, che sarà la metà dell'area del parallelogramma.

A questo punto, si può evidenziare come il dedurre che nel parallelogramma le coppie di angoli α e β siano uguali equivale a dimostrare che coppie di rette parallele tagliate da una trasversale formano angoli alterni interni uguali, tornando alla I.29. Oltretutto, lavorando, almeno apparentemente, su di una figura finita e limitata come è un parallelogramma. Per fissare le idee, se nel parallelogramma viene modificato uno qualsiasi degli angoli che formano le due coppie di angoli alterni interni, i triangoli ABC ed ADC non saranno più uguali, i lati opposti non saranno più paralleli ed il parallelogramma ... cesserà di essere un parallelogramma.

Allo stesso modo, r ed r' cessano di essere parallele; quindi, così come il valore di β deve essere unico perché il parallelogramma sia tale, allo stesso modo la parallela r' ad r passante per il punto C deve essere unica (vedi figura seguente).

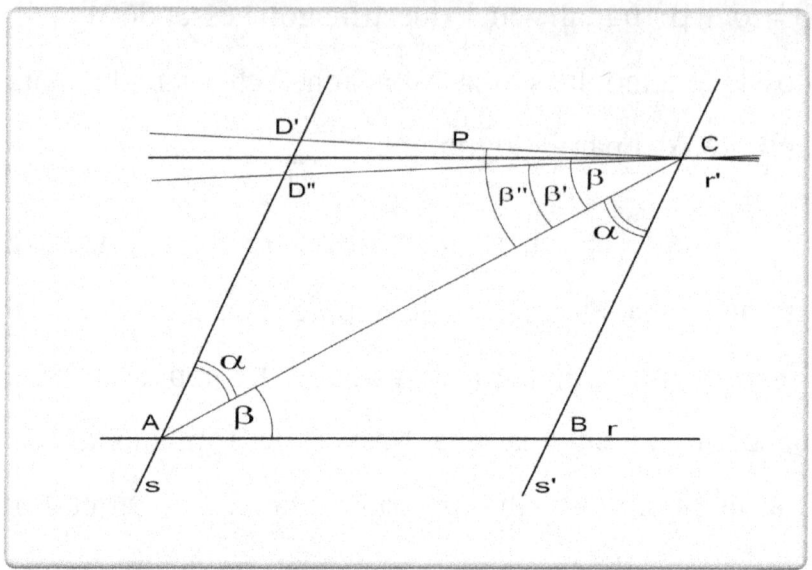

° **COROLLARIO 6** – alla proposizione I.34 :

un parallelogramma con un angolo retto è un rettangolo.

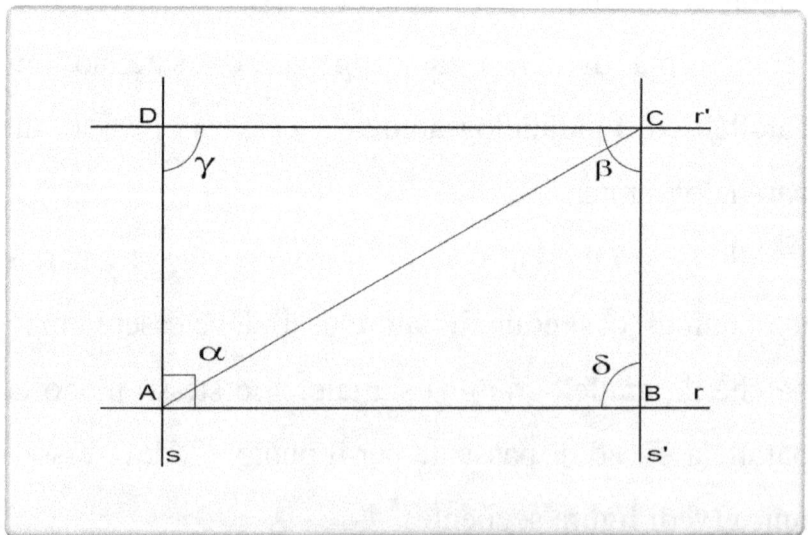

Se un parallelogramma ha un angolo retto α =R, allora sarà retto anche l'angolo opposto β; inoltre, poiché i lati opposti sono paralleli, due angoli contigui sono supplementari, da cui α + γ = 2R e γ = R, e dovrà essere retto il suo opposto δ.

○ COROLLARIO 7 – alla proposizione I.34 : *due rette parallele ad una terza sono parallele tra loro.*

Consideriamo il rettangolo ABCD compreso tra le parallele r ed r', s ed s': se tracciamo s" parallela ad s, anche il parallelogramma AEFD è un rettangolo, sempre perché α è retto e sarà retto anche β.

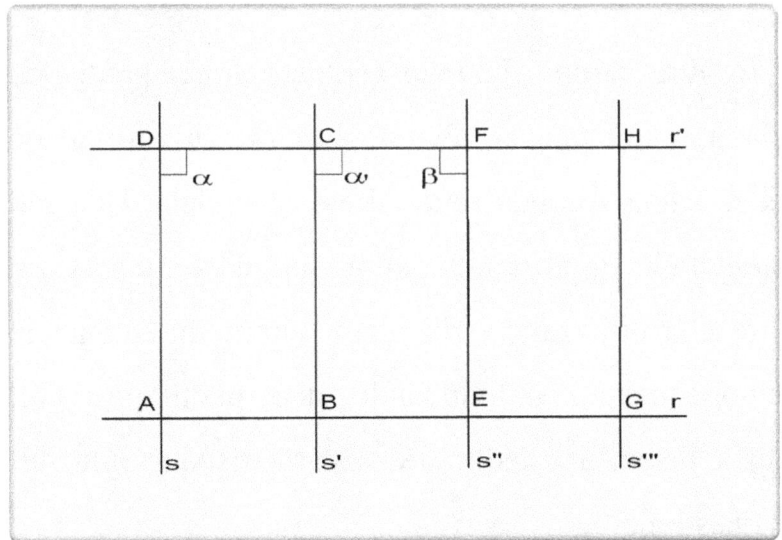

Ma anche α' sarà retto, perché angolo corrispondente uguale ad α rispetto alle parallele s ed s'. Infine, poiché $\alpha' + \beta = 2R$ in quanto supplementari, allora s' ed s" sono parallele ed anche CBEF è un rettangolo.

Qualsiasi ulteriore parallela alla retta s individuerà allora un nuovo rettangolo, ad esempio s" individuerà il rettangolo AGHD. E poiché i segmenti tutti uguali AD, BC, EG, GH individuano tutti la distanza della retta r dalla retta r', ne deriva il seguente

∘ **COROLLARIO 8** – alla proposizione I.34 :

    due rette parallele sono anche equidistanti.

In altre parole, il luogo geometrico dei punti posti alla stessa distanza, dalla stessa parte rispetto ad una retta, è una seconda retta ad essa parallela. Una retta parallela ad un'altra retta, allora, potrà essere costruita, oltre che utilizzando gli angoli alterni interni anche, semplicemente, individuando due punti posti alla stessa distanza e dalla stessa parte rispetto alla retta in questione.

E deriva anche il

° **COROLLARIO 9** – alla proposizione I.34 : *rette*
e segmenti non equidistanti non sono paralleli.

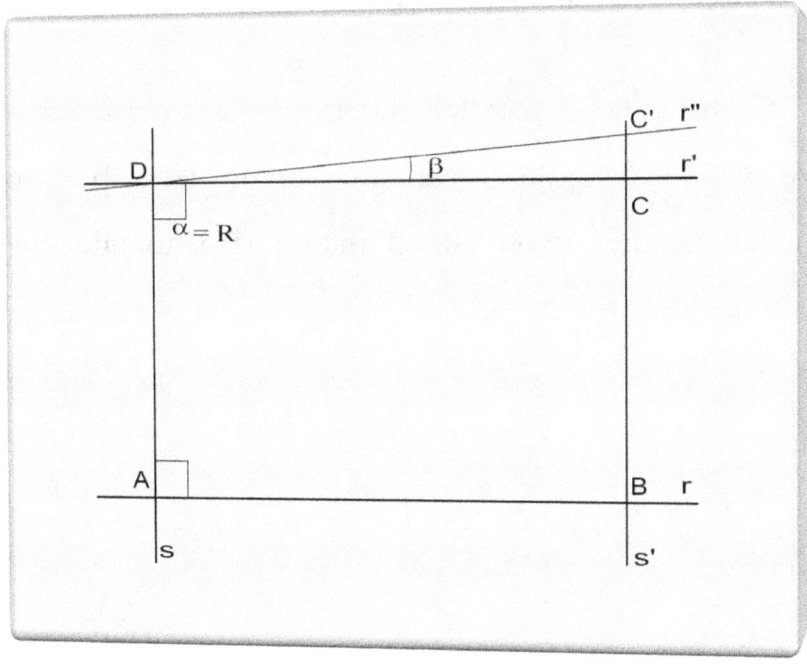

Considerando, infatti, il rettangolo ABCD, il punto
C' posto ad una distanza differente da r rispetto
al segmento DC sulla retta r', i cui punti sono tutti
equidistanti dalla retta r, individua il segmento DC'
e l'angolo $\alpha + \beta > R$.

Allora r" non potrà essere parallela ad r perché
non avrà angoli coniugati interni supplementari.

◦ **COROLLARIO 10** – alla proposizione I.34 :

la somma degli angoli interni di un triangolo è uguale a due angoli retti.

Costruita la r' parallela ad r passante per il vertice A del triangolo, le coppie di angoli α e β sono uguali perché angoli alterni interni rispetto alle due trasversali AB ed AC.

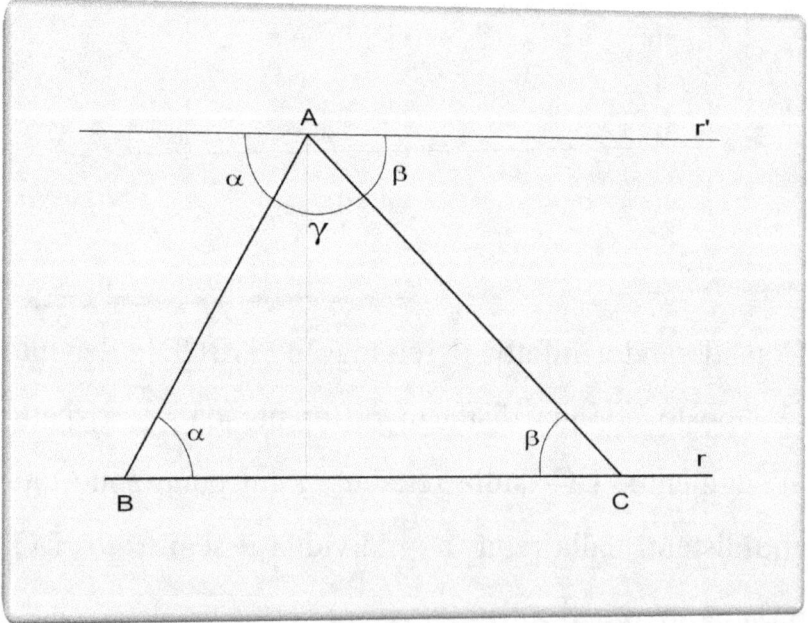

Ne segue subito $\alpha + \beta + \gamma = 2R$.

È evidente la grande organicità di questo approccio, che supera la dispersione delle dimostrazioni euclidee o di quelle modificate dai vari autori, tutte scollegate tra di loro. Così appaiono ognuna fine a se stessa e vivere di vita propria: forse proprio per questo risultano più deboli ed attaccabili.

Questo approccio sembra avere il merito di aver dimostrato, nell'ambito della Geometria Assoluta, quello che è ormai l'ex Quinto Postulato di Euclide, ora Teorema F, ed inoltre il Teorema G.

Ma, come vedremo più approfondita nel prossimo articolo, questo non garantisce che il Teorema F resti valido senza opportune modifiche, in qualsiasi Geometria. Al punto che la Geometria Assoluta sembra perdere il suo ruolo, se non addirittura apparire fuorviante, se i teoremi più importanti necessitano di diverse, per quanto simili, dimostrazioni nelle differenti geometrie.

Nota importante: avremmo potuto cercare di ottenere la dimostrazione del Teorema F in modo più conciso ed elegante, utilizzando le Proposizioni 16 e 17 di Euclide. Ritengo però preferibile evitare la Proposizione 16 dell'angolo esterno perché ritenuta discutibile nell'estendibilità dei segmenti, le rette potrebbero essere illimitate ma non infinite, e non è valida nella geometria sulla sfera. Ed anche preferibile evitare la Proposizione 17 dei due angoli sia perché deriva direttamente dalla 16 sia perché è considerata essere l'inversa del quinto postulato, per evitare ipotetici circoli viziosi.

In special modo in questa dimostrazione ritengo in ogni caso preferibile utilizzare assunti il più possibile elementari ed incontrovertibili.

7. Quinto Postulato ed Assioma di Pasch

Nelle moderne assiomatizzazioni della geometria, specialmente dopo l'analisi critica effettuata da David Hilbert (1862, 1943) con il suo *"Grundlagen der Geometrie"* e dopo la presentazione a Parigi dei suoi famosi 23 problemi l'8 agosto 1900 nel suo intervento al Congresso Internazionale dei matematici, è sempre presente l'*Assioma di Pasch* dovuto a Moritz Pasch (1843, 1930) che a sua volta si occupò dei fondamenti della geometria, anticipando Hilbert su quella che divenne la critica all'incompletezza dei postulati di Euclide. L'assioma di Pasch afferma che se una retta entra in un triangolo ABC dal lato AB e non passa per i suoi vertici allora deve uscirne passando per uno degli altri due lati. Egli riteneva che l'attraversamento del triangolo da parte di una retta, pur non risultando dimostrabile a partire dagli altri assiomi, fosse qualcosa di così intuitivo da spingere Euclide ed i greci a non inserirlo tra gli assiomi, e nemmeno a cercare di dimostrarlo come teorema.

Simile e più semplice è invece il cosiddetto Teorema dell'attraversamento, sempre del triangolo, che, dimostrato in più modi, direttamente o per assurdo, conferma il fatto estremamente intuitivo che una retta che entri da un vertice di un triangolo deve uscirne attraversando il lato opposto.

Ora, ritengo anomalo che risulti dimostrata un'assunzione più semplice, e purtuttavia venga data come assioma un'asserzione più complessa e per di più assai simile; ma così è, o meglio, era.

Guardando un attimo più da vicino l'assioma di Pasch, in relazione al Teorema dell'attraversamento, si vede come risulti facile dimostrare, come dimostro, che è possibile risalire all'assioma di Pasch sfruttando il cugino Teorema dell'attraversamento.

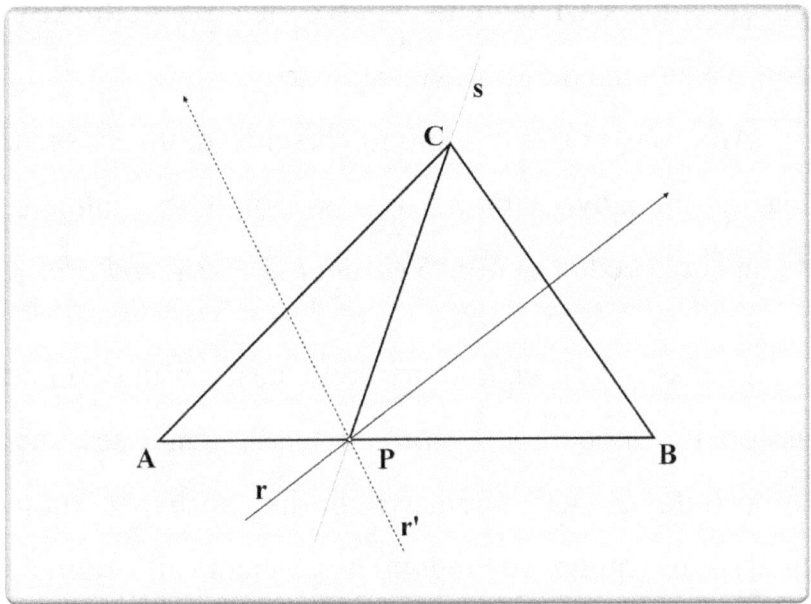

Nella figura sopra riportata sia r la retta che attraversa nel punto P   il lato AB del triangolo ABC; allora, in accordo con il Teorema dell'attraversamento, si può unire con la retta s il punto P con il vertice C, opposto al lato AB.

Si nota immediatamente che la retta r che entra attraverso un lato nel triangolo ABC, adesso entra attraverso un vertice o nel triangolo PAC oppure nel triangolo PBC, altrimenti deve coincidere con la retta s; non esiste altro caso possibile. Se coincide con la retta s allora è ovvio che passa attraverso il vertice C e quindi esce dal triangolo. In entrambi gli altri due casi la retta r esce dal triangolo ABC per il Teorema dell'attraversamento.

Alla fine, non siamo più in presenza di un assioma, ma di un nuovo teorema che si potrebbe chiamare, se mi si concede l'onore, *Teorema di Furnari-Pasch*.

Le assiomatizzazioni perdono così un'importante assioma "moderno", non potendo un'asserzione dimostrata come teorema ricoprire anche il ruolo di assioma; quindi rimangono assai vicine all'originale struttura pensata da Euclide. Per quanto riguarda le rimarcate carenze della Geometria Euclidea classica, l'assioma di Archimede è della stessa epoca e gli altri assiomi di continuità, d'ordine, di separazione, già utilizzati implicitamente nelle varie dimostrazioni, basta esplicitarli. Ad esempio, dalla distinzione del tutto e della parte che ne è inferiore derivano direttamente gli assiomi d'ordine. Vedremo ulteriori considerazioni su questo argomento in un mio lavoro successivo.

Naturalmente esplicitare ad esempio gli assiomi sulla continuità, significa anche arricchire la geometria con nuovi teoremi che dimostrano che non si possono aggiungere nuovi punti alle rette, nuove rette ai piani o nuovi piani allo spazio geometrico: in definitiva che non si possono aggiungere nuovi punti allo spazio euclideo. Il che, data l'estensione infinitesima o nulla dei punti geometrici, evidenzia bene la compattezza o densità dello spazio geometrico, caratteristiche direttamente collegate alla continuità.

Accostiamoci però adesso più da vicino al Teorema dell'attraversamento. Dalla figura che segue

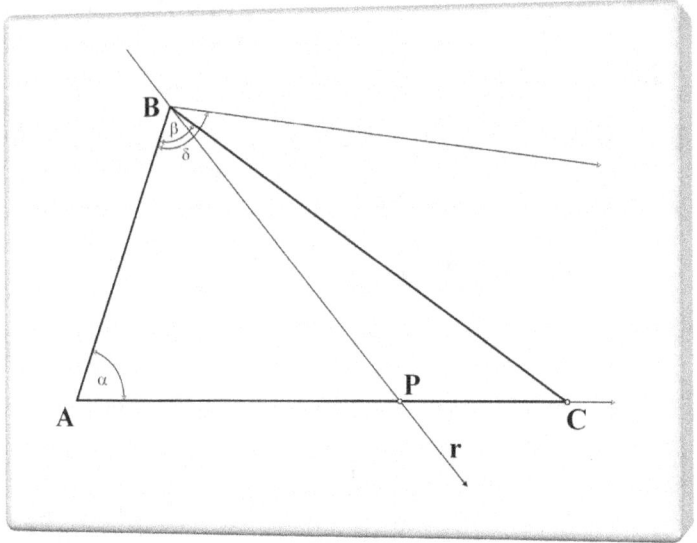

risulta evidente che in realtà deriva direttamente dal Quinto Postulato Di Euclide e vale a maggior ragione.

Se infatti la retta r che entra attraversando il vertice B nel triangolo ABC per il quinto postulato deve incontrare la semiretta che parte da A e contiene il lato AC del triangolo, dati gli angoli $\alpha + \delta < 180°$, a maggior ragione, dati gli angoli $\alpha + \beta < \alpha + \delta$, la retta r incontrerà la stessa semiretta. E lo farà lungo il lato AC, dato che entra all'interno del triangolo.

Quindi dal quinto postulato deriva il Teorema dell'attraversamento.

Viceversa, dal Teorema dell'attraversamento deriva il quinto postulato: basta considerare triangoli con il lato AB come in figura, ed i vertice C che sia situato sempre più a destra lungo la semiretta che parte da A, cioè che il lato AC cresca indefinitamente. Per il Teorema dell'attraversamento la retta r che entra nell'angolo β continuerà ad incontrare il lato AC in un qualsiasi suo punto P che potrà anche andare a coincidere con C. Dalla Proposizione 17, per cui in un triangolo la somma di due angoli comunque presi è minore di due retti, cioè $\alpha + \beta < 180°$, segue che due semirette che tagliano la trasversale AB, in questo caso le semiretta da A per C e da B per P o da B per C, si incontrano purché sia $\alpha + \beta < 180°$, proprio come afferma il quinto postulato di Euclide. Naturalmente, né la dimostrazione della Proposizione 17 né quella del Teorema dell'attraversamento fanno uso del quinto postulato, altrimenti cadremmo in un circolo vizioso. Inoltre, per la coerenza con quanto esposto in questo paragrafo, sono da evitare le dimostrazioni del Teorema dell'attraversamento a partire dall'assioma di Pasch, come alcuni fanno. Qui infatti dimostriamo l'assioma di Pasch, ora teorema, a partire dal Teorema dell'attraversamento.

Esistono ad esempio dimostrazioni valide del Teorema dell'attraversamento che fanno uso solo dell'assioma di Separazione del piano e, nell'assiomatica di Birkhoff (1884, 1944), del Postulato di Similarità, detto "fourth part of the Protractor Postulate".

Un risultato importante è qui *l'equivalenza del quinto postulato con il Teorema dell'attraversamento*, e dato che il Teorema dell'attraversamento risulta dimostrato, ne segue logicamente che la dimostrazione di tale equivalenza può essere considerata come una *seconda dimostrazione* del quinto postulato di Euclide.

Merita un cenno la considerazione dell'ex assioma di Pasch e del Teorema dell'attraversamento nelle geometrie non euclidee. Rimane valida la mia dimostrazione dell'ex assioma di Pasch a partire dal Teorema dell'attraversamento, per cui l'attenzione si concentra su quest'ultimo: si può facilmente verificare che rimane valida la sua equivalenza col quinto postulato di Euclide, così come riformulato nella geometria iperbolica e nella geometria sulla sfera (vedi pag. 96 o pag. 126).

L'unica precisazione, del tutto ovvia, è che non è valido per i triangoli aperti nella geometria iperbolica.

8. Coerenza tra geometrie

Allo stato attuale degli studi sulle Geometrie Assoluta, Euclidea e Non-Euclidee, in effetti ci si aspetta di privilegiare le dimostrazioni date in Geometria Assoluta per garantire la loro validità nell'ambito di qualsiasi geometria.

Tuttavia, in realtà, non mi sembra che sia così: come l'ex Quinto Postulato di Euclide od il Teorema di Pitagora, i principali teoremi vanno riformulati e dimostrati nelle differenti geometrie.

Anzitutto risulta non vero che le geometrie non-euclidee nascano esclusivamente dalla negazione del Quinto Postulato, che sopravvive in altre forme. Esse devono pertanto possedere di per se stesse una differente natura rispetto alla Geometria Euclidea.

In effetti, quello che è l'ex Quinto Postulato, ora Teorema F, ma anche i teoremi e corollari che ne derivano, devono essere reinterpretati in modi differenti a seconda delle diverse geometrie, a cominciare dal Corollario 3 sull'unicità della parallela, che evidentemente come il Teorema G può essere dimostrato solo nell'ambito della Geometria Euclidea. Infatti nella geometria sulla sfera non esistono le parallele, mentre in quella Iperbolica per un punto esterno ad una retta possono esser tracciate due parallele ed infinite Iperparallele [AGAZZI-PALLADINO, pag. 181].

Inoltre, se in tutte le geometrie tre punti individuano sempre un triangolo, nelle geometrie non-euclidee esistono entità non facilmente riconducibili nell'ambito della Geometria Euclidea. Ad esempio in quella Iperbolica esistono i "Triangoli aperti" ed in quella Sferica gli spicchi sferici, cioè superfici delimitate da due sole rette [tutte le rette sferiche si incontrano in due punti, l'uno agli antipodi dell'altro]. Come già detto, l'ex Quinto Postulato va adattato, e non negato come ad esempio nelle intenzioni

dell'assioma di Lobačevskij. Nella Geometria
Iperbolica, intanto, la Proposizione I.16 dell'angolo
esterno, strettamente connessa in quanto a dimostra-
zione al Quinto Postulato, risulta valida anche per i
"Triangoli aperti" [AGAZZI-PALLADINO, pag. 169
– TEOREMA 1].

Ma è il concetto nuovo di angolo di parallelismo
Π (p):

$$\tan[\ \Pi(p)/2] = e^{-p/k} \qquad 0 < \Pi\ (p) < 90°,$$

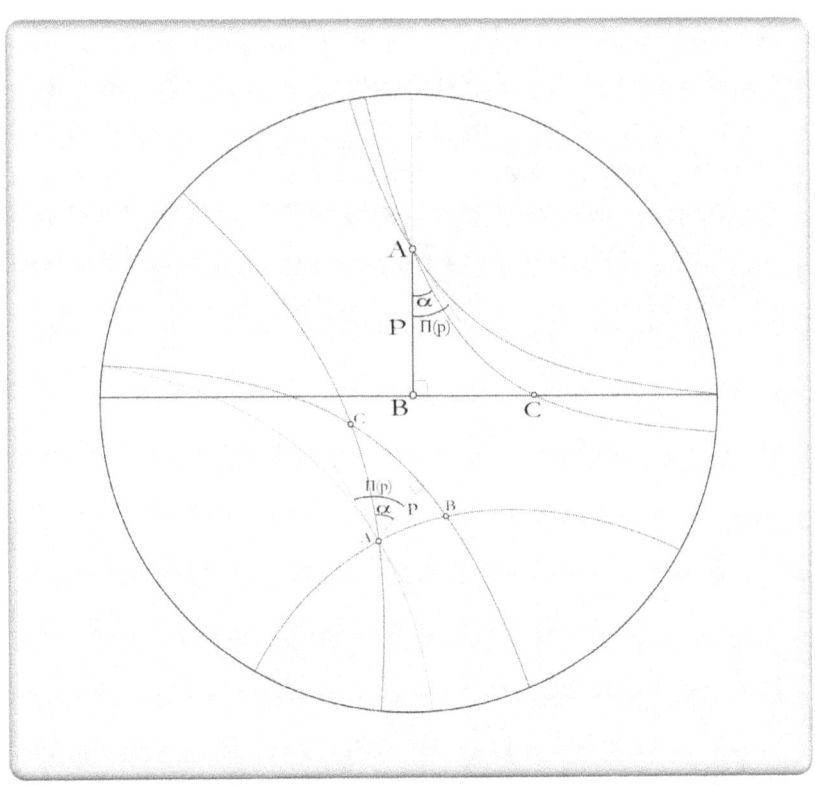

che nel prossimo articolo permetterà di ridefinire l'ex
Quinto Postulato, nella forma:

- *se due rette iperboliche r ed s formano, da una
  parte di una trasversale t, perpendicolare ad una
  delle due rette, angoli coniugati interni la cui somma è minore di R + Π(p) [R=90°, R+Π(p)<180°],
  esse si incontrano da quella stessa parte della trasversale t. In generale α < Π(p) [vedi figura su].*

Nella Geometria sulla sfera, invece, l'ex Quinto Postulato può diventare:

- *se due rette sferiche r ed s formano, da una parte di una trasversale t, angoli coniugati interni la
  cui somma è minore di 180°, il loro punto di incontro più vicino si trova da quella stessa parte
  della trasversale t ; se invece la somma è uguale
  a 180°, i due punti di incontro stanno alla stessa
  distanza, da parti opposte, rispetto alla trasversale.*

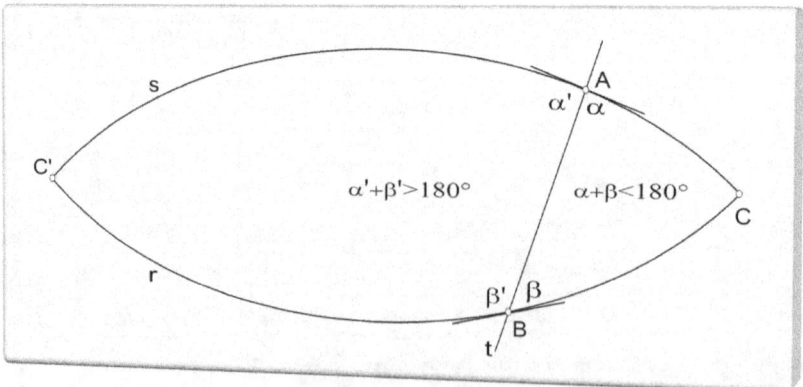

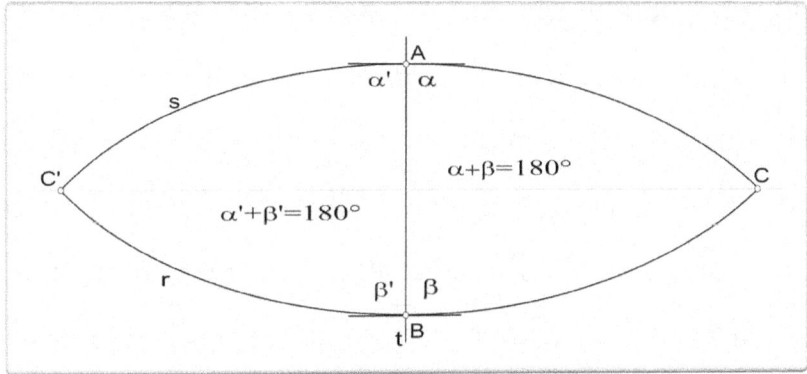

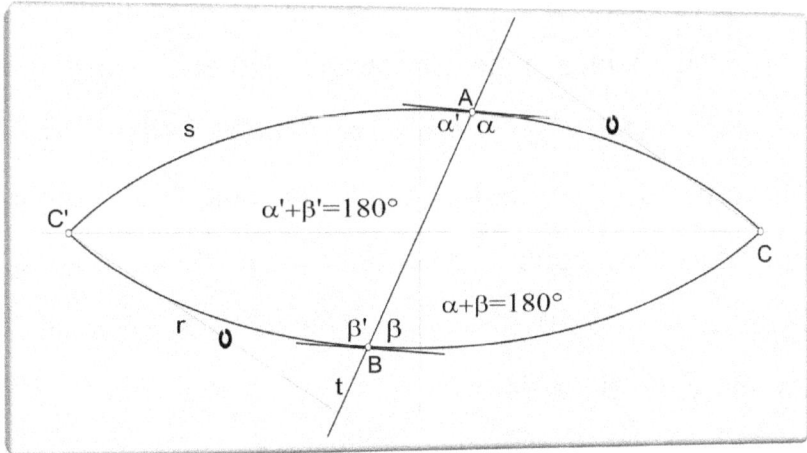

Concludendo, occorre sfatare l'equivalenza che si suppone assoluta tra il postulato della parallela di Playfair [più precisamente dell'unicità della parallela] ed il quinto postulato di Euclide, con la quale si giunge fino a definire "delle parallele" anche quello di Euclide.

In realtà tale equivalenza risulta valida solo nell'ambito della Geometria Euclidea, e la sua dimostrazione [AGAZZI-PALLADINO, pagg. 52-53], poggia peraltro sulla Proposizione I.28 che si riconduce alla I.27 basata a sua volta sulla I.16, non valida ad esempio nella geometria sulla sfera. Allora il Quinto Postulato dovrebbe chiamarsi più propriamente "dell'intersezione tra due rette non parallele tagliate da una trasversale" o "delle oblique".

Infatti, mentre nelle Geometrie non-euclidee viene negato e cade il "postulato delle parallele", ora Teorema G, l'originale Quinto postulato di Euclide, ora dimostrato come Teorema F, continua ad esistere, in forme modificate, nella Geometria Iperbolica ed in quella sulla sfera.

Si può persino ragionevolmente affermare che le differenti geometrie siano caratterizzate anziché dalla negazione del quinto postulato (nella versione "delle parallele"), dalle sue differenti dimostrazioni, come "teorema delle oblique", nei diversi "ambiti geometrici". Senza dimenticare che questo è divenuto possibile solo dopo il lavoro svolto da Saccheri in poi. Ed in particolare a partire dagli studi di Hilbert, in virtù delle rappresentazioni tramite modelli euclidei (di Klein, di Poincaré, ellittico, geometria sferica) delle geometrie non-euclidee all'interno della geometria euclidea stessa.

Infine, forse proprio l'errata identificazione del postulato delle parallele con il Quinto di Euclide, ha impedito di trovarne prima la dimostrazione.

Pinerolo, gennaio 2006 – agosto 2012

GEOMETRIA ASSOLUTA?
Teorema di Saccheri-Legendre
"Quinto Postulato" non-euclideo

Giuseppe Furnari

Riassunto Una riflessione su come si ottengono il nuovo teorema F "delle oblique" ex Quinto Postulato ed il nuovo teorema G "delle parallele", mostra che l'ambito privilegiato in cui si agisce è quello della Geometria Euclidea piuttosto che della Geometria Assoluta. Anche i grafici, pur con tutta l'attenzione per attenersi ai limiti della Geometria Assoluta, sono quelli tipici della

Geometria Euclidea (non potendo d'altronde lavorare contemporaneamente con tutti i tipi di geometria insieme).

Per dei teoremi tali che per antonomasia caratterizzano le diverse geometrie, è utile – sia dal punto di vista metodologico che didattico – chiarire meglio sotto quali condizioni si può ottenere una dimostrazione corretta. Ciò può essere cruciale anche per teoremi già passati alla storia come quello di Saccheri-Legendre, da sempre ritenuto pietra miliare.

Abstract A reflection on how the new theorem F "of the oblique straight lines" ex-Fifth Postulate and the new theorem G "of the parallels" are gotten, shows that the privileged context in which it acts is that of the Euclidean Geometry rather than of the Absolute Geometry. Also the drawings, despite the attention to comply with the limits of the Absolute Geometry, they are those typical of the Euclidean Geometry (not being able, in effects, to contemporarily work with all the types of geometry together). For of the such theorems that, for antonomasia, characterize the different geometries, it is useful – both from the point of view methodological and educational – to clarify better under what conditions you can get a good demonstration. This can be already also crucial for past theorems to the history as that of Saccheri-Legendre, by always considered a milestone.

Résumé Une réflexion sur comme l'on peut obtenir le nouveau théorème F "des obliques" ex Cinquième Postulat et le nouveau théorème G "des parallèles", montre que le domaine privilégié dans lequel on agit il est ce de la Géométrie Euclidienne plutôt que de la Géométrie Absolue. Même les graphiques, aussi avec toute l'attention pour se conformer aux limites de la Géométrie Absolue, ils sont les typiques de la Géométrie Euclidienne (en ne pouvant pas d'ailleurs travailler ensemble en même temps avec tous les types de géométrie). Pour des théorèmes tels qui caractérisent les différentes géométries pour antonomase, il est utile - soit du point de vue méthodologique qui didactique - mieux clarifier sous lesquels conditions l'on peut obtenir une démonstration correcte. Cela peut également être crucial pour des théorèmes déjà passés à l'histoire comme ce de Saccheri-Legendre, depuis toujours cru pierre milliaire.

1. Geometria Assoluta?

R iflettendo su come si ottengono i principali teoremi che riguardano i fondamenti della Geometria, si vede che l'ambito privilegiato in cui si agisce è quello della Geometria Euclidea piuttosto che quello della Geometria Assoluta. I relativi grafici, pur con tutte le premesse e l'attenzione per attenersi ai limiti della Geometria Assoluta, sono quelli tipici della Geometria Euclidea .

Ma quel che diventa sottilmente irreparabile è che subito dopo si giunge con naturale immediatezza a risultati validi nella sola Geometria Euclidea (o comunque non in tutte le geometrie) ed esser però portati a credere ad una loro validità più generale. Ad esempio la Proposizione I.16 dell'angolo esterno oppure il Corollario 1 su due angoli in un triangolo, così come seguono immediatamente dal mio teorema F "delle oblique" ex Quinto Postulato, ma anche, ed a maggior ragione, così come vengono originariamente presentati dallo stesso Euclide.

Infatti tutti i suoi teoremi fino alla Proposizione I.28 fanno a meno del quinto postulato, e si intende siano dati in Geometria Assoluta.

Come si può facilmente dedurre dalla figura, però, entrambe la I.16 e la I.17, pur valide anche nella Geometria iperbolica, non sono sempre valide nella Geometria sulla sfera o doppiamente ellittica.

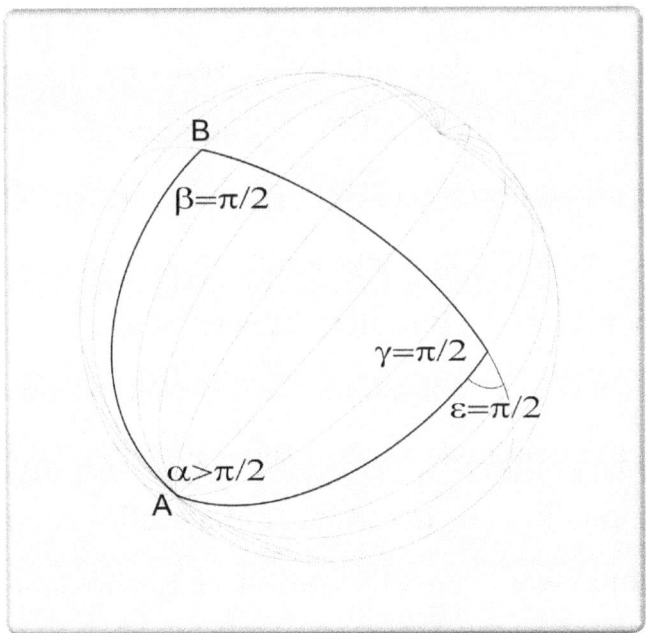

Emerge che, per quanto riguarda la famosa Proposizione I.16, l'angolo esterno ε del triangolo ABC nella figura è minore dell'angolo interno non adiacente α. Per quanto riguarda il Corollario 1 già Proposizione I.17, sempre nel triangolo ABC, la somma dei due angoli interni α e β supera due retti.

I Corollari 2 e 4, ex Proposizioni 27 e 29, che trattano degli angoli alterni interni delle rette parallele, seguono subito dopo. E sono probabilmente queste due proposizioni (in particolare la I.29 in Euclide richiede il quinto postulato) che, unitamente all'equivalenza del quinto postulato di Euclide con l'unicità della parallela ad una retta per un punto ad essa esterno (Playfair), lo hanno legato indissolubilmente alla teoria delle rette parallele tanto da denominarlo "il postulato della parallela".

Ed invece è opportuno che il quinto postulato rimanga delimitato nel suo ambito originale, riconoscendo che in realtà tratta delle condizioni (relazioni degli angoli che si formano con una trasversale) per le quali due rette possono incontrarsi:

al più lo si potrebbe ricordare come "postulato delle oblique", ora "teorema delle oblique".

Ad ulteriore conferma, si noti che, per ottenere la dimostrazione dell'equivalenza del quinto postulato di Euclide con l'unicità della parallela [AGAZZI-PALLADINO, pagg. 52-53] si fa ricorso alla Proposizione I.28 che si riconduce alla I.27 basata a sua volta sulla I.16, non valida nella geometria sulla sfera, come si è appena detto, quindi non valida in Geometria Assoluta.

Soprattutto, per ottenere risultati chiari, tali da non ingenerare incertezze o false conclusioni, è opportuno ripetere nell'ambito proprio di ciascuna geometria quelle dimostrazioni che si ritiene di dover dare nell'ambito della geometria "neutrale" od assoluta, per quanto semplici oppure assai simili possano apparire. Forse sarebbe persino preferibile rinunciare ad "operare in geometria assoluta" e riferirsi ad essa solamente in senso astratto.

Come nuovo esempio, indipendente da quanto discusso finora, possiamo riportare qui la dimostrazione del notissimo primo teorema di Saccheri-Legendre cui si è già accennato. Secondo questo teorema, che tuttora si ritiene valido nella geometria neutrale *"la somma degli angoli di un triangolo qualsiasi non può superare 180°"* [AGAZZI-PALLADINO, pagg. 79-80].

Ma non potrà non seguire l'esempio base per eccellenza: lo stesso quinto postulato di Euclide.

2. Il Teorema di Saccheri-Legendre confutato dopo quasi tre secoli

D opo i tentativi, ormai millenari, per cercare di ottenere una dimostrazione valida per il Quinto Postulato di Euclide, prima che ne venisse dichiarata la non dimostrabilità, Gerolamo Saccheri (1667–1773) nel suo famoso *"Euclides ab omni naevo vindicatus"*, pubblicato nel 1733 sulle orme delle *"Discussioni sulle difficoltà in Euclide"* Risâla fî sharh mâ ashkala min musâdarât Kitâb 'Uglîdis del matematico persiano Omar Kayyam (1048–1126), ha ritenuto di esser riuscito nell'intento utilizzando il metodo della dimostrazione per assurdo.

Nella lunga dimostrazione, in cui ottiene numerosi teoremi, Saccheri parte dalla cosiddetta *"geometria neutrale od assoluta"*, la geometria euclidea ante

Quinto Postulato. Lo fa strumentalmente, dato che una volta ottenuta in essa l'agognata dimostrazione non avrebbe potuto che trasformarla nella rinnovata Geometria Euclidea.

Tuttavia egli in realtà non riuscì nell'intento, ed i numerosi risultati sono stati successivamente considerati caratteristici di nuove geometrie non euclidee, in particolare di quella iperbolica.

Tre primi notevoli risultati, noti come teoremi di Saccheri-Legendre in quanto nuovamente dimostrati da Legendre ignaro del lavoro del Saccheri, sono poi utilizzati nella dimostrazione vera e propria e vale la pena di esaminare il primo di essi.

Essi sono:

"*S ≤ 2R - la somma degli angoli di un triangolo qualsiasi non può superare 180°*", "*S = 2R è equivalente al Quinto Postulato*", "*per tutti i triangoli vale sempre S = 2R oppure S < 2R* "; inoltre, da *S ≤ 2R,* che è la negazione dell'ipotesi dell'angolo ottuso, deriva: "*due rette incidenti non possono avere una perpendicolare comune*".

Bene, la $S \le 2R$ si dimostra per assurdo, supponendo che in un triangolo isoscele $A_1A_2B_1$ la somma degli angoli interni sia invece maggiore di 2R.

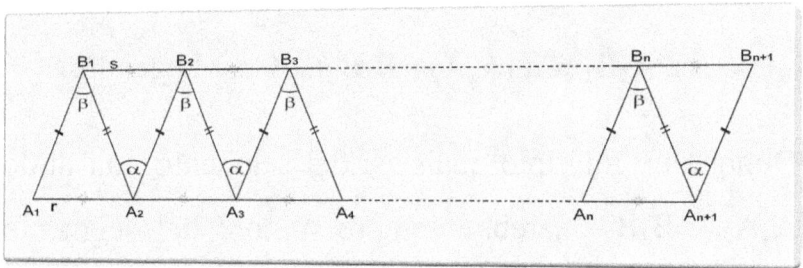

Consideriamo allora n triangoli uguali ad $A_1A_2B_1$, posti con le basi allineate e completiamo la figura con il triangolo $B_nA_{n+1}B_{n+1}$. Essendo la somma degli angoli del triangolo $A_1A_2B_1$ maggiore di 2R, l'angolo β in B_1 sarà evidentemente maggiore dell'angolo α in A_2 nel triangolo $B_1A_2B_2$. Questo perché nel vertice A_2 la somma dei tre angoli vale 2R. Allora, avendo i due triangoli due lati uguali e l'angolo compreso disuguale, per la I.24 di Euclide deve risultare $A_1A_2 > B_1B_2$.

D'altra parte nella spezzata $A_1B_1B_2...B_{n+1}A_{n+1}$ per la I.20 da cui segue che in un quadrilatero un lato è minore della somma degli altri tre, la lunghezza di questi tre lati è evidentemente maggiore del segmento A_1A_{n+1}, per cui: $A_1B_1 + n\,B_1B_2 + B_{n+1}A_{n+1} > n\,A_1A_2$, ed essendo $A_1B_1 = B_{n+1}A_{n+1}$, si ottiene:

$$2\,A_1B_1 > n\,(A_1A_2 - B_1B_2). \quad \text{Così Legendre.}$$

Dunque un multiplo qualsiasi del segmento non nullo $A_1A_2 - B_1B_2$ sarebbe sempre minore del segmento doppio di A_1B_1. E ciò contraddice il postulato di Archimede, quindi è assurdo che la somma degli angoli del triangolo possa superare due retti.

La dimostrazione apparirebbe ineccepibile, ma le ipotesi non sono poche e non tutte sono evidenti, quindi è opportuno evidenziare queste ultime:

- I lati consecutivi da B_1 a B_{n+1} si considerano allineati così da formare un quadrilatero;
- Gli angoli α e quelli alla base opposta ad α si considerano tutti uguali;
- Le ipotesi sono tutte valide nella stessa geometria.

Cominciando dall'ultima condizione, si nota subito che non possiamo essere nella geometria euclidea dove vale sempre $S = 2R$ e dove i lati consecutivi da B_1 a B_{n+1} avrebbero potuto essere allineati. Siamo quindi o nell'ipotesi dell'angolo acuto, ovvero nella geometria iperbolica, o nell'ipotesi dell'angolo ottuso, ovvero nella geometria ellittica come quella sulla sfera, che è poi quella che si vuole confutare.

Ma in entrambi i casi *S* *non è costante*, per cui non si possono considerare gli angoli alla base opposti agli angoli α come necessariamente tutti uguali.

Proseguendo, nella geometria iperbolica i vertici da B_1 a B_{n+1}, equidistanti dalla retta A_1A_{n+1}, si trovano su di un iperciclo, che non è una retta iperbolica, e quindi non sono allineati così da formare un quadrilatero.

Infine, nemmeno nella geometria ellittica i vertici da B_1 a B_{n+1} equidistanti dalla retta A_1A_{n+1} risultano allineati.

Peraltro, considero come genuinamente non euclidee geometrie come quella sulla Sfera o sulla Pseudosfera di Beltrami, dove su una superficie curva le "rette" sono naturalmente le geodetiche o linee di minor distanza. E con distanze euclidee non deformate "ad hoc" come nella geometria iperbolica, dove anche le rette iperboliche sono scelte "ad hoc" come sul disco di Poincaré, oppure anche gli angoli sono deformati "ad hoc", come sul disco di Klein.

Nella geometria sulla Sfera la retta A_1A_{n+1} giace necessariamente su di una circonferenza massima ed i vertici da B_1 a B_{n+1} giacciono su un parallelo, mentre i segmenti tra i vertici giacciono ciascuno su una diversa circonferenza massima, per cui non si può formare il quadrilatero considerato da Legendre.

Naturalmente, nella geometria sulla Sfera sono modificati alcuni assiomi della geometria neutrale, ma come vedremo tra poco non in contraddizione con le ipotesi della presente dimostrazione per $S \leq 2R$.

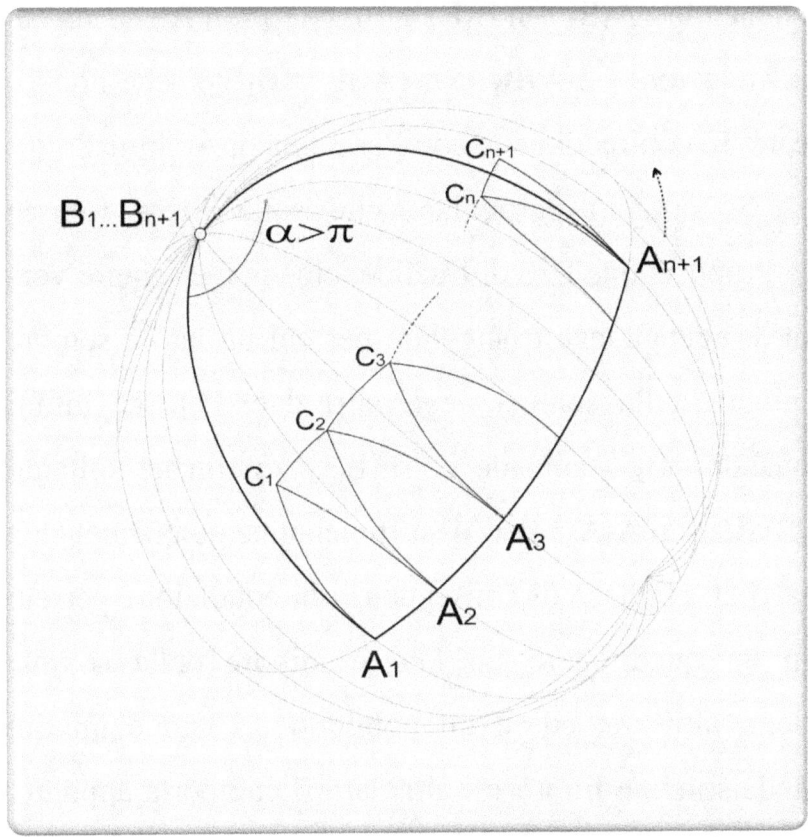

Nella geometria sulla Sfera si vede come la somma dei segmenti da B_1 a B_{n+1} diventa sensibilmente più piccola di quella dei segmenti da A_1 ad A_{n+1} fin persino a diventare nulla ai poli.

Allora la lunghezza dei tre lati dello pseudo-quadrilatero non risulta 'evidentemente più grande' del segmento A_1A_{n+1}, anzi basta un valore non grande di n per cui il segno di diseguaglianza si inverte, ottenendo: $A_1B_1 + n\,B_1B_2 + B_{n+1}A_{n+1} < n\,A_1A_2$, da cui la relazione $2\,A_1B_1 < n\,(A_1A_2 - B_1B_2)$ che non va certo in contraddizione con l'assioma di Archimede.

Si noti in particolare che sulla Sfera fallisce la Proposizione I.20 di Euclide, cioè non è sempre vera la diseguaglianza triangolare per cui un lato è sempre minore della somma degli altri due. Fallisce infatti quando B_1 coincide con B_{n+1} e rimane soltanto $2\,A_1B_1 < n\,A_1A_2$, per n sufficientemente grande. Con la I.20 fallisce di conseguenza la condizione per cui in un quadrilatero un lato è minore della somma degli altri tre, ed in un poligono un lato è minore della somma di tutti gli altri lati, il che porta appunto, sempre per n sufficientemente grande, alla nostra relazione $2\,A_1B_1 < n\,(A_1A_2 - B_1B_2)$ che non può contraddire l'assioma di Archimede.

È sintomatico come la I.20 derivi a sua volta dalla I.16, il famoso Teorema dell'angolo esterno, che notoriamente fallisce proprio nella geometria sulla sfera. Ed anche la I.24, sui triangoli con due lati uguali e l'angolo compreso disuguale, deriva dalla

I.20 e quindi dalla I.16, entrambe non valide nella geometria ellittica: seppur non sembri dimostrarsi fallace in questo ambito, nemmeno essa può essere considerata sicuramente valida in geometria assoluta. Ed allora forse il presente Teorema di Saccheri-Legendre per $S \leq 2R$ rischia di non poter essere nemmeno formulato.

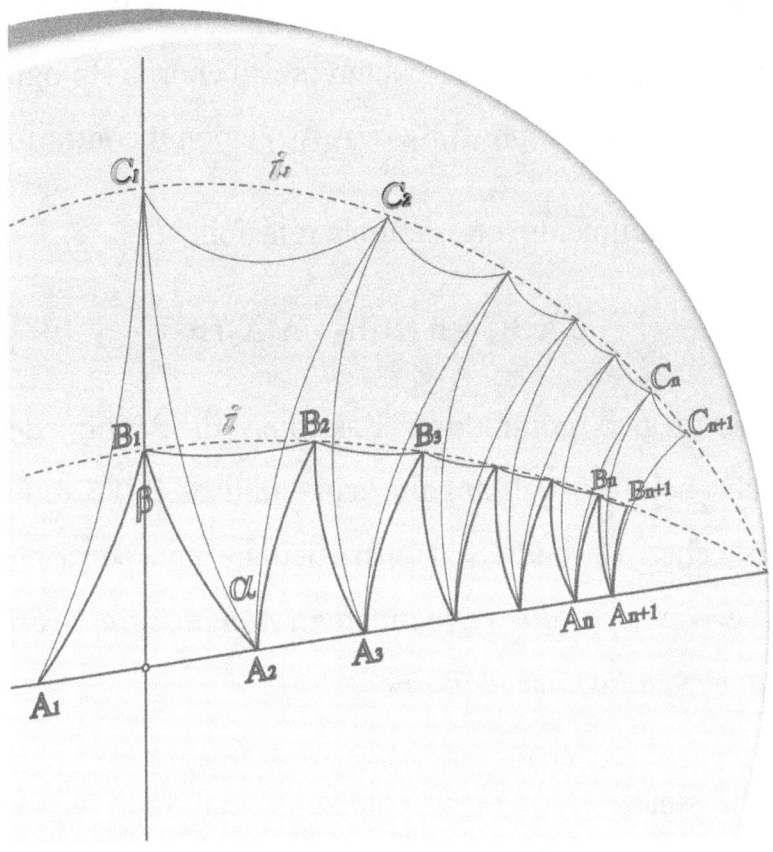

Per quanto attiene la geometria iperbolica, dalla figura

si evince che gli angoli α non possono essere posti come più piccoli degli angoli β; e questi ultimi diventano molto piccoli considerando triangoli più alti, con i vertici sull'ipericlo i_1, mentre al contrario gli angoli α rimangono grandi. Ma è ancora più evidente come i lati $B_1B_2 \ldots B_nB_{n+1}$ siano sempre più grandi dei lati $A_1A_2 \ldots A_nA_{n+1}$ e, considerando che crescono esponenzialmente verso i bordi del disco di Poincaré, i lati $C_1C_2 \ldots C_nC_{n+1}$ diventano presto enormi. In ogni caso, abbiamo sempre $B_iB_{i+1} > A_iA_{i+1}$ e non il contrario.

Inevitabilmente, otterremo la relazione

$$2\, A_1B_1 + n\, (B_1B_2 - A_1A_2) > 0$$

che non può contraddire l'assioma di Archimede. Anche nel caso dell'angolo acuto fallisce il Teorema di Saccheri-Legendre, ed in particolare non potrà più ivi derivare che *"due rette incidenti non possono avere una perpendicolare comune"*.

In sintesi: le ipotesi non sono mai tutte valide in una stessa geometria; in particolare è esclusa la geometria euclidea, l'unica in cui si avrebbe effettivamente il quadrilatero cui si fa riferimento.

Non si considera che nelle geometrie non euclidee **S** è variabile e questo porta alla non uguaglianza dei segmenti da B_1 a B_{n+1}, specialmente nella geometria iperbolica.

In ultimo, proprio nella geometria sulla Sfera, quella direttamente interessata da $S \leq 2R$, è più evidente che a seguito delle incongruenze nelle ipotesi la diseguaglianza è invece rovesciata e la dimostrazione inevitabilmente fallisce.

Il risultato che è possibile anche $S > 2R$ significa molte cose e porta a conseguenze importanti.

Innanzitutto, ogni angolo di un triangolo può essere ottuso fino al valore massimo di 180°, ed anche contemporaneamente agli altri: sulla Sfera un triangolo, e così pure un qualsiasi poligono, con tutti gli angoli di 180° coincide con la circonferenza massima.

Ne segue che esistono, ad esempio, triangoli isosceli con entrambi gli angoli alla base di 90° o più.

Sulla Sfera i due lati che inizialmente divergono possono incurvarsi, non sulla superficie sferica ma *con* essa, fino a riconvergere ed incontrarsi. Di conseguenza due perpendicolari alla stessa retta si incontrano, anzi tutte le rette si incontrano sempre.

E questo avviene naturalmente, all'interno e non in contrapposizione, nella geometria neutrale; perché in essa non è evidentemente più valida la Proposizione I.16 dell'angolo esterno e quindi nemmeno la I.17 che vieta i due angoli retti, e neppure la I.27 da cui discende la I.31 che dimostrerebbe l'esistenza di almeno una parallela, andando così in contraddizione con la condizione di assenza di parallele.

Infine, non è più valido, nella geometria neutrale, l'assunto per cui *"due rette incidenti non possono avere una perpendicolare comune* altrimenti si formerebbero triangoli con due angoli retti".

È anche chiaro che la dimostrazione cade special-mente laddove ci si preoccupa di spingere la verifica di coerenza proprio nell'ambito della geometria caratteristico del risultato che si vuole ottenere, o confutare. Solo così si possono raggiungere risultati sicuramente corretti e ... duraturi.

Ed in questo modo è possibile snidare gli eventuali Falsificatori Logici-potenziali "FLOP" che possono nascondersi in antinomie, salti logici, ragionamenti incompleti, incompatibilità con supposizioni implicite, elementi "eclissati", paralogismi, che possono emergere a distanza di tempo, "prima o poi", e che proprio per questo risultano essere "potenziali".

Sempre che i ragionamenti in considerazione possano ritenersi effettivamente scientifici, cioè siano falsificabili, secondo Popper.

Come esempio di *"elementi eclissati"*, si può rilevare come i segmenti B_1B_2, B_2B_3, ... B_nB_{n+1} nella prima figura possono sembrare a tutti gli effetti consecutivi, e lo sono realmente nella geometria Euclidea - per la quale deve essere anche $\alpha = \beta$: è già un paralogismo considerare $\beta > \alpha$ in una rappresentazione su di un piano evidentemente euclideo.

Solo nella seconda figura, nell'ambito proprio della geometria sferica e di quella ellittica, dove sono disegnati come $C_1C_2, C_2C_3, \ldots C_nC_{n+1}$, appare evidente che tali segmenti formano una spezzata. Se un ipotetico ragionamento considerasse insieme $\beta > \alpha$ e consecutivi i segmenti $B_1B_2, B_2B_3, \ldots B_nB_{n+1}$, in una rappresentazione su di un piano euclideo l'incompatibilità potrebbe passare inosservata e rimanere "eclissata".

Nel caso appena esaminato, il teorema di Legendre (1752-1833) risale già a quasi tre secoli fa, e finora non mi risulta sia mai stato nemmeno messo in dubbio. Ma quel che è ancora più importante, è che non cade soltanto il teorema di Legendre, ma qualsiasi altro ragionamento che porti allo stesso risultato, proprio perché un'asserzione come *"la somma degli angoli di un triangolo qualsiasi non può superare 180°"* è del tutto generale. In particolare cadono i risultati di Lambert (1728-1777) e di Saccheri (1667-1733) che si basavano sulla confutazione dell'angolo ottuso.

E cade la stessa geometria iperbolica.

3. Quinto Postulato Non Euclideo...

llo stesso modo che per la dimostrazione, che si rivela così erronea, del teorema di Saccheri-Legendre, anche per il Teorema F "delle oblique" è opportuno, anzi necessario, riproporne la dimostrazione sia nell'ambito proprio della geometria iperbolica – modello di Poincaré all'interno della Geometria Euclidea – che in quello della geometria sferica.

Senza ripetere pedissequamente tutte le premesse ed i passi della dimostrazione, del resto molto simile a quella euclidea, nella geometria iperbolica appare evidente che le due oblique non potranno incontrarsi, od il che è lo stesso dati A e B il triangolo in figura non potrà chiudersi in C, se la somma degli angoli formati con una trasversale comune, che inizialmente assumiamo come perpendicolare ad una delle due rette, supera l'angolo di parallelismo di almeno un angolo retto. Dato quindi che uno dei due angoli formati con la trasversale comune, ad esempio β, è sempre retto, basta che sia $\alpha < \Pi\,(\mathbf{p})$.

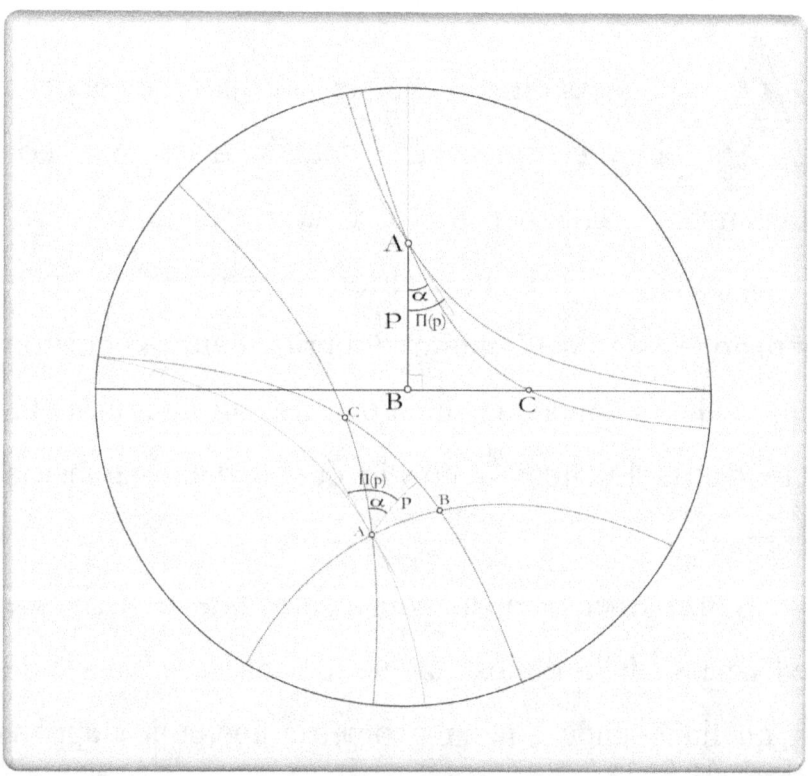

Si è voluto imporre la condizione aggiuntiva che la trasversale comune debba essere perpendicolare ad una delle due rette, per ottenere da subito una formula semplice con un procedimento evidente.

Tuttavia, nel caso di un triangolo ABC generico, come quello che nella figura non ha lati diametrali, ovvero di una generica trasversale non perpendicolare a nessuna delle due rette, è sufficiente che da uno dei due vertici A o B (sono valide entrambe le costruzioni) si conduca la perpendicolare iperbolica alla retta che non passa per tale vertice, e che si indichi con α l'angolo tra tale perpendicolare e la seconda retta, affinché la condizione $\alpha < \Pi(p)$ assuma carattere generale.

Riassumendo:

se due rette iperboliche r ed s formano, da una parte di una trasversale t, perpendicolare ad una delle due rette, angoli coniugati interni la cui somma è minore di $R + \Pi(p)$ [$R = 90°$, $R + \Pi(p) < 180°$], esse si incontrano da quella stessa parte della trasversale t. Sinteticamente $\alpha < \Pi(p)$.

E con validità generale:

- *se due rette iperboliche r ed s formano, da una parte di una trasversale t, l'angolo α tra una delle due rette e la perpendicolare iperbolica all'altra retta, individuate da AC ed AH come in figura, esse si incontrano da quella stessa parte della trasversale t se risulta α < Π(p).*

Naturalmente, nel caso dei triangoli aperti, che si ha per α = Π (p), le due rette iperboliche non si incontrano. Infatti formano i due lati *non finiti* del triangolo aperto ed il vertice C, che si potrebbe dire stia sul cerchio ideale, non può essere costruito al finito. Il triangolo non si chiude, cioè rimane, appunto, aperto.

Nel caso della geometria sulla sfera, o doppiamente ellittica, le caratteristiche fondamentali sono talmente differenti, rispetto alla geometria euclidea, da non poter nemmeno formulare il quinto postulato con lo stesso significato originario.

Infatti due rette si incontrano sempre, indipendentemente dagli angoli che formano con qualsiasi trasversale. Si incontrano in due punti antipodali suddividendo l'intera sfera in due coppie di spicchi sferici.

In altre parole, le due rette si incontrano da entrambi i lati rispetto ad una trasversale comune, e non esistono rette parallele. Il problema originale non sussiste.

Si potrebbe in un certo senso affermare che il quinto postulato è sempre verificato positivamente nella geometria sulla sfera perché in essa non impone alcuna condizione agli angoli formati dalle due rette con la trasversale; quindi dal punto di vista dell'intersezione delle due rette non distingue mai rispetto alla trasversale un lato piuttosto che l'altro.

Si possono però determinare le condizioni angolari per cui da quel lato il punto di intersezione tra le due rette sia *più vicino* alla trasversale.

È proprio quest'ultima reinterpretazione che, nella geometria sulla sfera, corrisponde bene al significato che il "teorema delle oblique" ha nelle geometrie Euclidea ed Iperbolica.

Nella Geometria sulla sfera l'ex Quinto Postulato può diventare:

- *se due rette sferiche r ed s formano, da una parte di una trasversale t, angoli coniugati interni la cui somma è minore di 180°, il loro punto di incontro più vicino si trova da quella stessa parte della trasversale t ; se invece la somma è uguale a 180°, i due punti d'incontro stanno alla stessa distanza, da parti opposte, rispetto alla trasversale.*

Le tre figure che seguono ne illustrano il significato.

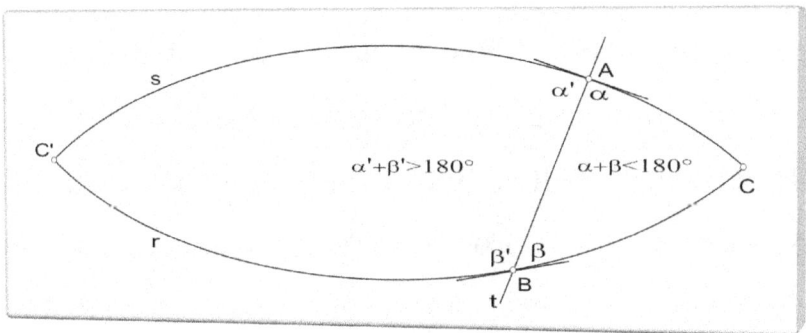

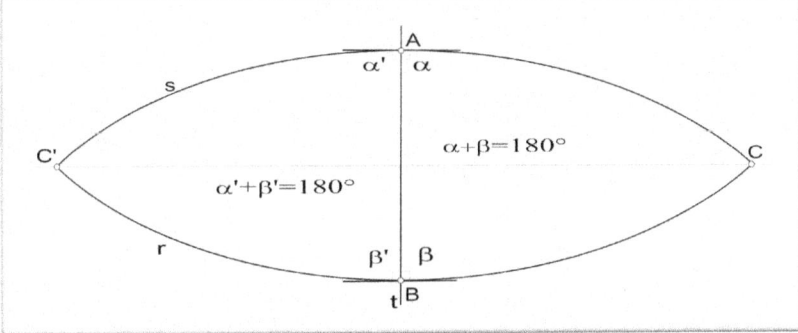

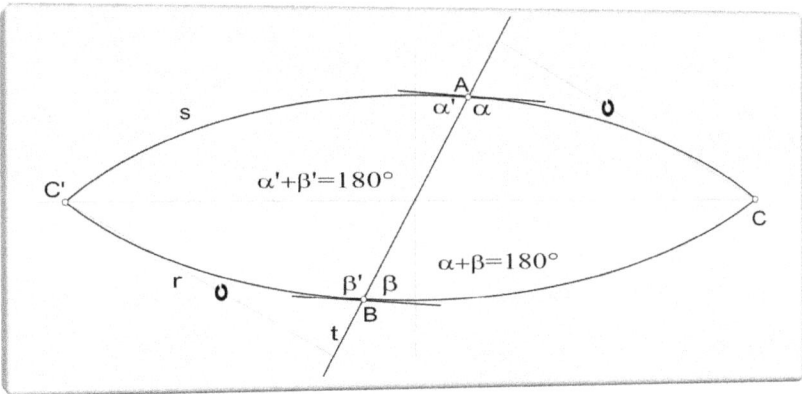

Concludendo, per ottenere risultati chiari evitando paralogismi, elementi "eclissati", ragionamenti incompleti o incompatibili con supposizioni implicite, è opportuno ripetere nell'ambito proprio di ciascuna geometria quelle dimostrazioni che attengono ai fondamenti della geometria stessa, cioè che si ritiene di dover dare nell'ambito della geometria "neutrale" od assoluta. E forse sarebbe persino preferibile rinunciare ad "operare in geometria assoluta" e riferirsi ad essa solamente in senso astratto.

Pinerolo, luglio 2006 – agosto 2012

COERENZA IPERBOLICA e CONTINUO GEOMETRICO

Giuseppe Furnari

Riassunto Dei tre articoli presentati in questo volumetto, questo probabilmente è quello che può essere considerato il più "esoterico". Si scava più in profondità a partire dal teorema di uniformizzazione di Riemann, per vedere più da vicino la coerenza delle geometrie euclidea e non euclidee, l'omogeneità ed isotropia delle geometrie tridimensionali.

Quindi si approfondisce il significato e la differenza dei punti di vista estrinseco ed intrinseco. Prendendo in considerazione ipercicli ed equidistanze, rette iperboliche parallele a distanze finite tra loro ma che tale distanza sia misurata in punti lontanissimi verso il bordo del disco, si giunge ad una singolare "molteplicità" delle rette e dei punti iperbolici, ed anche al transfinito geometrico. Infine ad un ultimo problema di coerenza, quello del meta-centro.

Abstract Of the three articles introduced in this small book, this is probably what may be regarded as the most "esoteric". You dig deeper from the uniformization theorem of Riemann, to see more closely the consistency of Euclidean geometry and non-Euclidean, the homogeneity and isotropy of the three-dimensional geometries. Then deepens the meaning and difference of viewpoints extrinsic and intrinsic. Taking into account hypercycles and equidistantces, parallel hyperbolic straight lines to finite distances among them but that such distance is measured in very distant points toward the edge of the disk, comes to an unusual "multiplicity" of the straight lines and of the hyperbolic points, and also to the geometric transfinite. Finally to a last problem of coherence, that of the meta-center.

Résumé Parmi les trois articles présentés dans ce petit livre, c'est probablement ce qui peut être considéré comme le plus "ésotérique". L'on creuse plus en profondeur à partir du théorème d'uniformisation de Riemann, pour voir de plus près la cohérence des géométries euclidienne et non euclidiennes, l'homogénéité et l'isotropie des géométries tridimensionnelles. Puis l'on précise la signification et la différence de points de vue intrinsèque et extrinsèque. En prenant en considération hypercycles et equidistances, droites hyperboliques parallèles aux distances finies entre eux mais que telle distance soit mesurée en points très lointains vers le bord du disque, on parvient à une "multiplicité" singulière des droites et des points hyperboliques, et aussi au transfinis géométrique. Enfin à un dernier problème de cohérence, ce du méta-centre.

1. Spazi Iperbolici: I punti di vista intrinseco ed estrinseco

La geometria moderna ha raggiunto una formalizzazione matura in termini topologici, di metrica e curvatura, a partire dagli studi di uno dei più grandi geometri di tutti i tempi: Georg Friedrich Bernhard Riemann (1826 - 1866), noto anche per la sua famosa congettura sulla distribuzione degli zeri della funzione Zeta di Riemann sulla cui soluzione pende un premio di un milione di dollari offerto dal Clay Mathematics Institute. Il premio fa parte dei sette premi "del Millennio" istituiti a Parigi col convegno del 24 maggio 2000, ma a differenza dei problemi di Hilbert del secolo precedente non sono all'avanguardia della matematica moderna, bensì legati molto più prosaicamente a profonde implicazioni bancarie ed economiche. In particolare alle cifrature informatiche come quelle relative alle carte di credito.

Il primo problema, la Congettura di Poincaré, è stato risolto dal matematico Grigorij Jakovlevič Perel'man, che però ha rifiutato sia il favoloso premio che la prestigiosa medaglia Fields affermando in un'intervista successiva: "Non voglio essere uno scienziato da vetrina e troppi soldi in Russia generano solo violenza"; e vive a San Pietroburgo con la madre in una casa popolare, con la sua sola pensione.

Un importante teorema, il *teorema di uniformizzazione* di Riemann, classifica in tre soli tipi tutte le possibili superfici di Riemann semplicemente connesse, con metrica completa e curvatura costante. Hanno curvatura costante rispetto al piano tangente in ogni loro punto, a meno di riscalare il tensore metrico della curvatura di un fattore costante; e possono mantenere tra loro una struttura conforme, cioè *con gli stessi angoli*. I tre tipi di superficie sono quella *ellittica* con curvatura *1*, quella *piatta* con curvatura *nulla* e quella *iperbolica* con curvatura *-1*.

Per capire, una superficie semplicemente connessa non ha buchi macroscopici, né si aggroviglia su se stessa; una superficie con metrica completa non ha buchi "microscopici", cioè è continua. Su di essa ogni successione "fondamentale" del tipo di Cauchy converge sempre in uno dei suoi punti; si pensi alla successione dei numeri razionali che converge nel valore $\sqrt{2}$ che appartiene invece ai numeri reali: ai punti delle rette immerse nelle superfici con metrica completa corrispondono i numeri reali, non i numeri razionali che le renderebbero "infinitamente vuote" per quanto fitti siano.

Dal fatto che esistono tre soli tipi di superfici di Riemann semplicemente connesse dipende l'esistenza non di svariate quantità di geometrie non euclidee, ma solo di due modelli di geometrie non euclidee, quella ellittica e quella iperbolica. I vari modelli di geometria iperbolica, o di quella ellittica, risultano tra loro equivalenti.

Dal fatto che i tre tipi di superficie possono mantenere tra loro una struttura conforme, in particolare per il Teorema della mappa di Riemann ogni insieme aperto semplicemente connesso del piano è omeomorfo al disco aperto, rende possibile costruire le geometrie non euclidee come *modelli* all'interno della geometria euclidea, essendo garantite separabilità, connessione, semplice connessione, compattezza; cioè i piani geometrici possono essere deformati l'uno nell'altro senza "strappi", "sovrapposizioni" o "incollature". Questo fa dipendere la *coerenza* delle geometrie non euclidee da quella della geometria euclidea, che si suppone non contraddittoria.

Di grande importanza è anche la possibilità di avere isometrie all'interno dei piani geometrici – nella geometria sulla sfera si tratta di trasformazioni di Möbius – cioè movimenti rigidi che mantengono le distanze tra i punti come le rotazioni e le traslazioni. Questo fa sì che punti e rette siano *indistinguibili*, ovvero non cambiano in base alla posizione che occupano. Come per la geometria euclidea, anche per quelle non euclidee esistono spazi a tre o più dimensioni, e la loro proprietà è di conseguenza quella di essere *omogenei* ed *isotropi*.

Per la geometria euclidea questa proprietà è vista come naturale, anzi nemmeno ci se ne accorge, mentre per la geometria iperbolica essa è molto meno evidente: ad esempio sul disco di Poincaré le rette, che sono definite come archi di cerchio perpendicolari alla circonferenza esterna detta dei punti ideali, appaiono differenti, cioè hanno raggi diversi. Questo accade perché occorre assumere il punto di vista intrinseco della geometria del piano iperbolico, cioè considerarne la metrica interna. Infatti le distanze non sono più quelle euclidee, ma sono definite in modo da crescere esponenzialmente rispetto a quelle euclidee, man mano che ci si allontana dal centro. Il risultato è che devono essere disegnate sempre più piccole sul piano euclideo.

Dal punto di vista *estrinseco*, cioè da quello del piano euclideo in cui è "immerso" il piano iperbolico, i segmenti rimpiccioliscono se ci si allontana dal centro, e dal punto di vista *intrinseco* non si raggiungerà mai la circonferenza esterna: tutte le successioni di Cauchy convergono in punti all'interno del disco iperbolico.

È proprio questo tipo di metrica che permette vengano ancora formulati i primi quattro assiomi di Euclide

1. Tra due punti qualsiasi è possibile tracciare una ed una sola retta.

2. Si può prolungare una retta oltre i due punti indefinitamente.

3. Dato un punto ed una qualsiasi lunghezza, è possibile descrivere un cerchio.

4. Tutti gli angoli retti sono uguali.

pur rimanendo confinati in una superficie limitata nel piano euclideo. Gli assiomi sono validi nella metrica intrinseca.

Come noto, naturalmente, le condizioni di parallelismo iperbolico sono nettamente differenti:

5. Data una qualsiasi retta r ed un punto P non appartenente ad essa, è possibile tracciare per P almeno due, in realtà infinite, rette parallele alla retta r data, ovviamente distinte da essa.

Le parallele passanti per P si intersecano tra di loro, ed in generale si intersecano quelle passanti per altri punti esterni alla retta r, per cui, a differenza di quella euclidea, la condizione di parallelismo iperbolica non è una proprietà transitiva.

Come vedremo nel paragrafo sulla parallela, esistono delle famiglie di parallele per le quali vale la proprietà transitiva, e che permettono di dare una differente definizione di parallela iperbolica e perfino di riagganciare il postulato di Playfair.

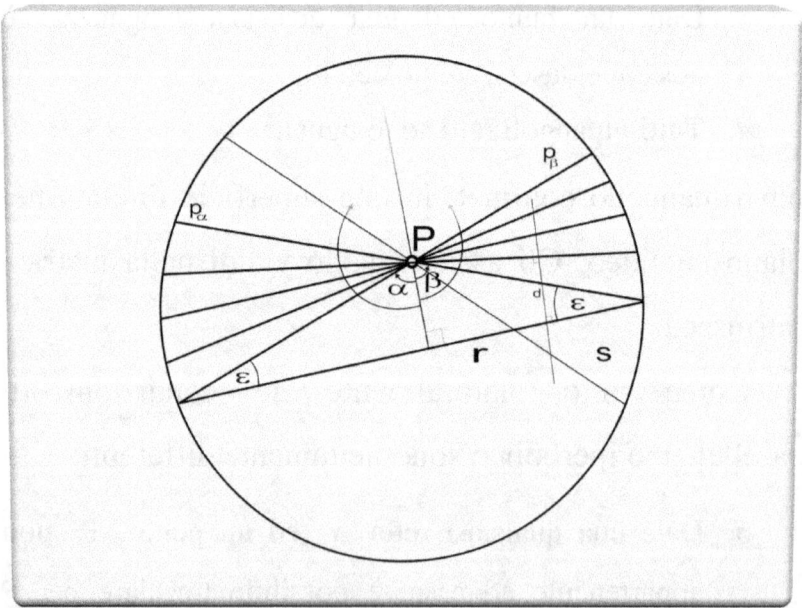

Qui sopra sono rappresentate le parallele alla retta r per il punto P nel modello di Klein, dove le rette sono segmenti rettilinei come nel piano euclideo. Però nel modello di Klein gli angoli sono *troppo* conformi a quelli euclidei, pertanto risulta difficile ed insolito immaginare come in realtà siano; per capire cosa accade, raffrontando i due angoli ε con quelli riportati nel modello di Poincaré che segue, se ne deduce che in realtà sono infinitesimi.

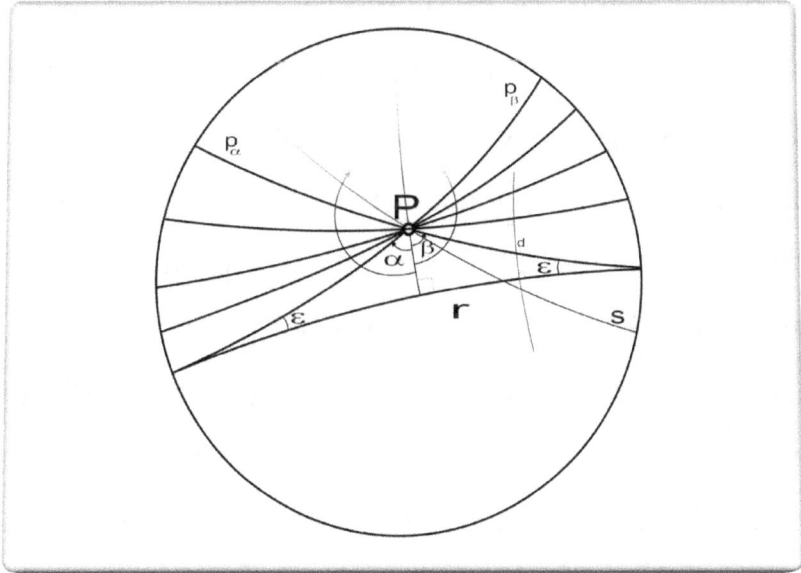

Occorre infatti ancora precisare che esistono due tipi di parallele: quelle che hanno una distanza minima finita d dalla retta r, che come per le rette sghembe nello spazio euclideo è anche la distanza tra le due rette, dette *iperparallele*, e le due rette p_α e p_β che

tendono ad approssimarsi asintoticamente alla retta r,
dette *parallele asintotiche* o semplicemente parallele.

Il modello di Klein è poco agibile e controintuitivo
già a questo semplice livello; basti pensare che per
condurre una perpendicolare occorre prima ricavare a
quale angolo corrisponde l'angolo retto…
Vedremo però che c'è ancora qualcosa da precisare.

I due angoli α e β formati dalle due parallele
asintotiche a partire dalla perpendicolare condotta da P
ad r sono gli angoli di parallelismo. Nei primi due
articoli, con il Teorema F, si è dimostrato il quinto
postulato di Euclide inteso come postulato delle
non parallele, cioè sulle condizioni per cui due rette
tagliate da una trasversale si incontrano. E si è indicato
come possa essere riformulato per descrivere
le condizioni per cui, attenendoci alle figure sopra
riportate, la retta iperbolica s possa incontrare
la retta r, il che avviene nei limiti degli angoli
di parallelismo.

Tralasciando rappresentazioni meno intuitive come
quelle del semipiano, della superficie a sella o

dell'iperboloide ad una falda dove le rette sono determinate dall'intersezione con un piano passante per il centro dell'iperboloide, possiamo chiederci come appare la geometria iperbolica dal punto di vista intrinseco, cioè secondo la metrica di un "abitante" dello spazio iperbolico. Grazie alle caratteristiche di omogeneità ed isotropia di tale spazio, egli vedrà le rette come rettilinee e non come archi di cerchio – si pensi ai raggi luminosi – quindi vedrà la propria geometria come quella rappresentata sul disco di Klein, o meglio, dato che non vede le rette come limitate, vedrà la propria geometria in modo molto simile a quella euclidea. Da questo punto di vista la rappresentazione sul disco di Poincaré è fuorviante.

All'abitante iperbolico non torneranno però le relazioni tra gli angoli; anche se di molto poco: per questo ai tempi del grande Gauss la geometria non euclidea era chiamata *astrale*, perché solo per enormi distanze le differenze angolari sarebbero apprezzabili.

L'abitante iperbolico vedrà comunque gli angoli così come sono rappresentati sul disco di Poincaré:

sul disco di Klein gli angoli sono ricavati da apposite formule, dipendenti dal raggio e dalla curvatura dell'universo iperbolico, e di fatto "distorti". Sul disco di Poincaré, piuttosto che su quello di Klein, è però possibile fare con più facilità ulteriori osservazioni. Ad esempio possiamo chiederci come l'abitante iperbolico possa rappresentarsi la geometria euclidea, a sua volta come modello all'interno del piano iperbolico. Se è un matematico, capirà che non potrà rappresentare tutto il piano euclideo: eviteremo di chiederci come possa immaginarsi i punti "esterni" al suo universo infinito, deducendo piuttosto che possa rappresentarsi la geometria euclidea solo "localmente".

Se chiediamo al matematico di disegnare un triangolo che per noi sia euclideo – allo stesso modo in cui noi disegniamo nel suo spazio iperbolico un triangolo che a lui appaia con i lati rettilinei – egli dovrà disegnarci ad esempio il triangolo OAB: è il caso più semplice.

Ma, allo stesso modo in cui i suoi segmenti di retta per noi sono archi di cerchio, in generale i nostri segmenti gli appariranno curvilinei: in che modo?

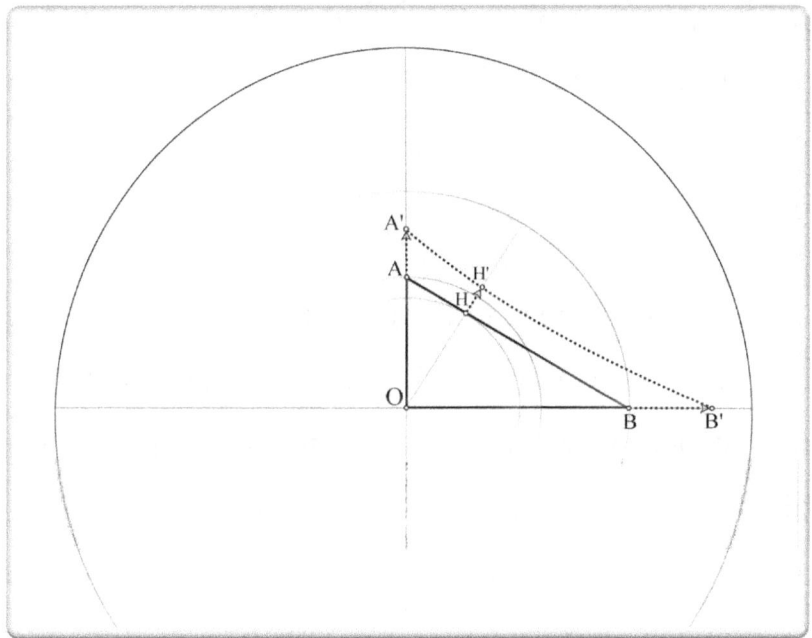

Considerando che allontanandosi dal centro le unità di misura iperboliche decrescono esponenzialmente
allora le lunghezze dei segmenti che partono dal centro
per l'abitante iperbolico, in rapporto alle nostre misure
euclidee, aumenteranno in maniera ben più che proporzionale: direi esponenzialmente, come certamente
ricaverà.

Il risultato indubbiamente è che il *suo* modello
di geometria euclidea, all'interno del *nostro* disco
iperbolico, dal *suo* punto di vista, deve essere a sua
volta … iperbolico!

Il triangolo OA'B' dovrà infatti necessariamente non solo apparirgli iperbolico, con la somma degli angoli inferiore a 180°, ma lo potrà anche *constatare* misurandolo con la dovuta precisione.

È anche interessante riflettere su come vengono considerati i punti equidistanti da una retta. Il matematico iperbolico sa che il luogo geometrico di tali punti non è una retta iperbolica ma un iperciclo; anzi per lui sarà un criterio utile a caratterizzare la propria geometria e quindi verificarla attraverso la misura delle distanze. Se ci chiede di disegnare una linea equidistante dal diametro *d*, noi disegneremo la nostra parallela *e*, euclidea, che egli, per i motivi sopra descritti, vedrà come la sua retta iperbolica *e'*.

Sapendo però che la vede così proprio per la distorsione relativa delle unità di misura, troverà corretto che la linea equidistante euclidea rappresentata nel suo modello della geometria euclidea, non potrà coincidere con la sua linea equidistante da *d*, l'iperciclo *i*.

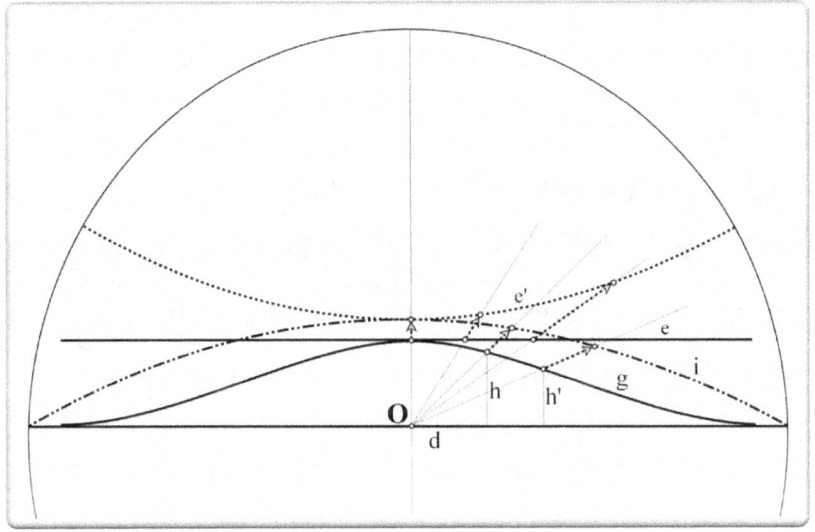

Solo disegnando una curva **g**, dalla forma simile ad una gaussiana, cioè simulando un rimpicciolimento esponenziale delle unità di misura rappresentate dalle distanze dei suoi punti **h**, **h'** dalla retta **d**, faremo in modo che egli la veda come il suo luogo geometrico dei punti equidistanti dal diametro **d**: l'iperciclo **i**.

Proviamo adesso a ragionare da un punto di vista molto generale. Immaginiamo di voler ottenere una geometria con una metrica tale da "comprimere" lo spazio geometrico euclideo infinito, omogeneo ed isotropo in un disco limitato; e che vogliamo farlo in modo che anche tale spazio sia omogeneo ed isotropo, in modo che le linee rette risultino indistinguibili rispetto alla loro posizione e direzione e gli angoli risultino deformati al più in modo uniforme.

Per rapportarci ad una linea curva sul piano cartesiano, prendiamo in considerazione una linea rappresentabile con gli assi cartesiani: la linea che va dal punto più a nord del disco, a quello più ad est.

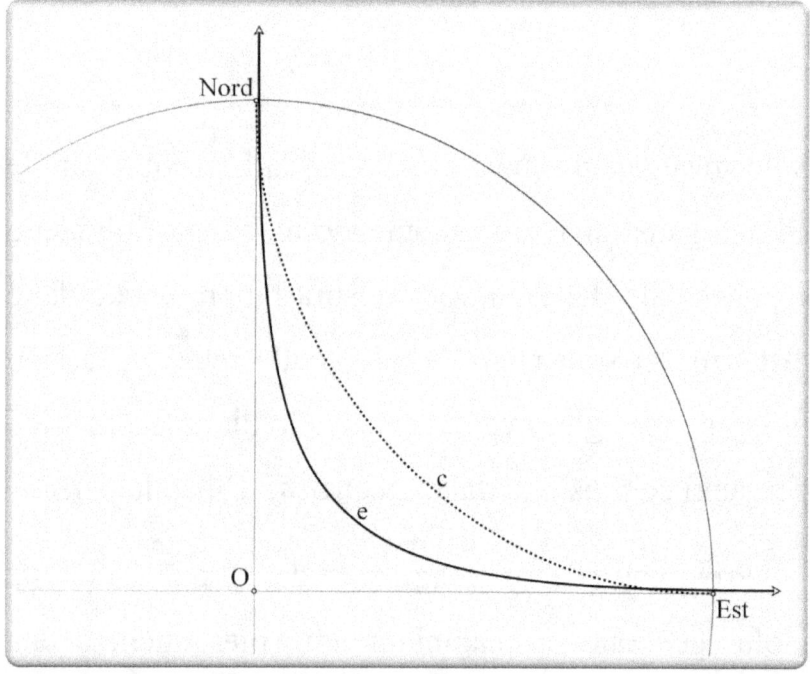

Affinché lo spazio di destinazione risulti omogeneo ed isotropo la curva sul piano cartesiano deve essere simmetrica rispetto agli assi cartesiani, ovvero rispetto alla bisettrice del primo quadrante: lo sarà se

la funzione y = f(x) coinciderà con la sua inversa
x = f(y). Affinché gli angoli risultino deformati al più
in modo uniforme, la linea dovrà tendere all'infinito
perpendicolarmente al bordo del disco, quindi la curva
cartesiana dovrà tendere asintoticamente all'infinito
o lungo gli assi cartesiani od al più lungo una retta
radiale, cioè che parti dall'origine degli assi.

Una sola famiglia di curve sembra rispondere
a queste condizioni: quella delle iperboli equilatere
disegnate rispetto agli asintoti, di equazioni y = k/x,
coincidenti con le inverse x = k/y.

Per questo Riemann con il suo importantissimo
teorema di uniformizzazione ha trovato, a meno
di riscalare il tensore metrico della curvatura di
un fattore costante k, essere possibile ***un solo tipo***
di superficie iperbolica, con curvatura ***-1***, che sia
una superficie di Riemann semplicemente connessa,
con metrica completa e curvatura costante.

Trovi il lettore esperto se siano possibili altre
soluzioni.

Per quanto mi riguarda, ritengo quantomeno strana la convergenza verso l'infinito degli ipercicli relativi alla stessa retta iperbolica, cioè delle linee equidistanti, mentre si ha divergenza per le rette iperboliche: è come se una qualche "forza" costringesse contemporaneamente le unità di misura a "restringersi", ma i raggi di luce ad "allargarsi" andando nella direzione verso l'esterno. Eppur tuttavia i raggi luminosi percorrono le geodetiche, ovvero le linee di minor distanza. Qualcosa non torna. Quindi nel mio prossimo libro "Il mistero del quinto postulato" penso di proporre una geometria sul piano iperbolico dove le linee rette sono ridefinite come archi di cerchio diametrali, cioè tutti i diametri d e le linee ad essi equidistanti: gli ipercicli i, i', i'', i''', ... quindi non tutti gli ipercicli, ma solo quelli relativi ai diametri. In questa geometria *vale* il quinto postulato, sia nella versione di Euclide che di Playfair, senza alcuna ridefinizione, così come da me dimostrati con i Teoremi F, G e P.

La parallela per un punto esterno è unica, e la proprietà del parallelismo ad una data retta è transitiva, così

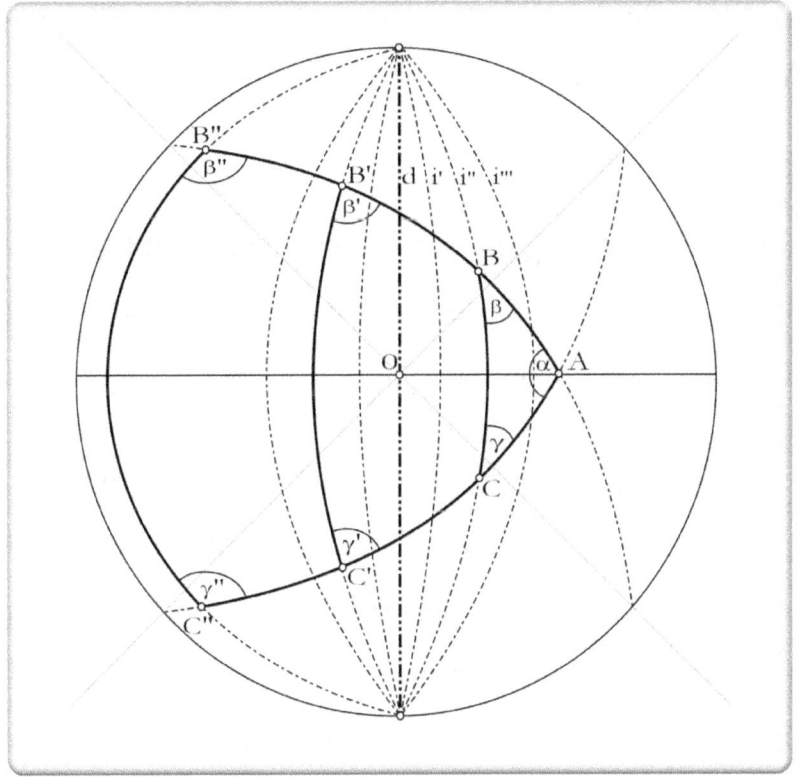

come avviene per gli ipercicli: fondamentalmente è transitiva la proprietà dell'equidistanza. Le proprietà delle equidistanze poggiano sulle prime definizioni e non coinvolgono il quinto postulato, fino a quando non si pretende che la linea equidistante ad una retta euclidea sia anch'essa una retta euclidea. Sempre senza pretendere che una linea equidistante sia una retta, questa volta iperbolica, le proprietà delle equidistanze nella geometria iperbolica sono ben rappresentate dagli ipercicli. Nulla però ci vieta, anzi!, di adottare come rette iperboliche gli ipercicli relativi ai diametri.

Qualcosa rimane da dire sulle proprietà degli angoli e dei triangoli. Apparentemente, come si vede nella figura che precede, esistono triangoli con somma degli angoli sia maggiore che minore di 180°.

Tuttavia, si noterà che non è rispettata la condizione che assicura una certa uniformità nelle relazioni tra angoli di differenti geometrie: il tendere all'infinito perpendicolarmente al bordo del disco delle linee rette. Così, come per la geometria sul disco di Klein, gli angoli risultano deformati, cioè non sono da intendersi rappresentati così come appaiono, ma vanno "letti" attraverso apposite formule.

Ritengo molto probabile che "leggendo" opportunamente gli angoli di questa geometria degli ipercicli diametrali, essi risultino identici a quelli euclidei, con la somma degli angoli interni dei triangoli di 180°.

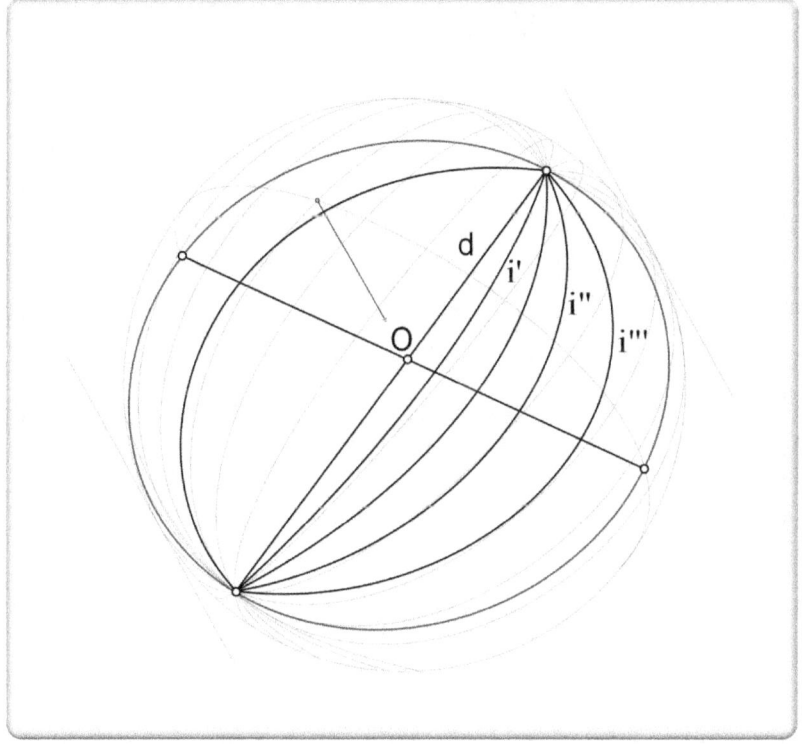

Come si può vedere facilmente, la geometria iperbolica degli ipercicli diametrali risulta essere la proiezione della geometria ellittica della semisfera sul piano che contiene il suo cerchio massimo, o della geometria sulla sfera su di un qualsiasi piano che passi per il centro della sfera stessa.

Dalla figura che segue, si vede come a sua volta la geometria ellittica sulla semisfera si può considerare

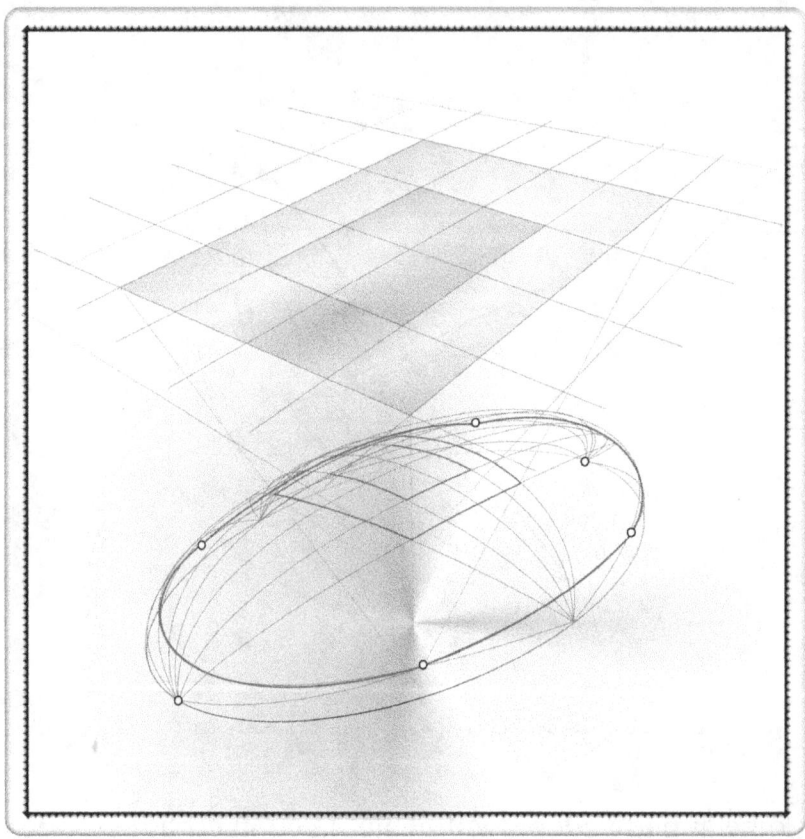

come la proiezione su di una semisfera del piano della geometria euclidea.

Il cerchio si chiude: stiamo sempre parlando essenzialmente della stessa geometria.

2. Molteplicità iperbolica: infinito in ogni direzione

Torniamo adesso alla geometria iperbolica classica, quella di Bolyai e Lobačevskij, e disegniamo famiglie di parallele, come quelle condotte tangenzialmente agli ipercicli i, i', i"... tutti ipercicli rispetto al diametro *D*. Come si sa, gli ipercicli sono i luoghi geometrici dei punti equidistanti da *D*: e sul piano iperbolico formano una linea curva, cioè non formano una seconda linea retta come avviene nella geometria euclidea. Se una retta iperbolica è tangente ad una curva, ha con essa la perpendicolare in comune:

la perpendicolare, a differenza delle parallele, è *unica* nel piano iperbolico.

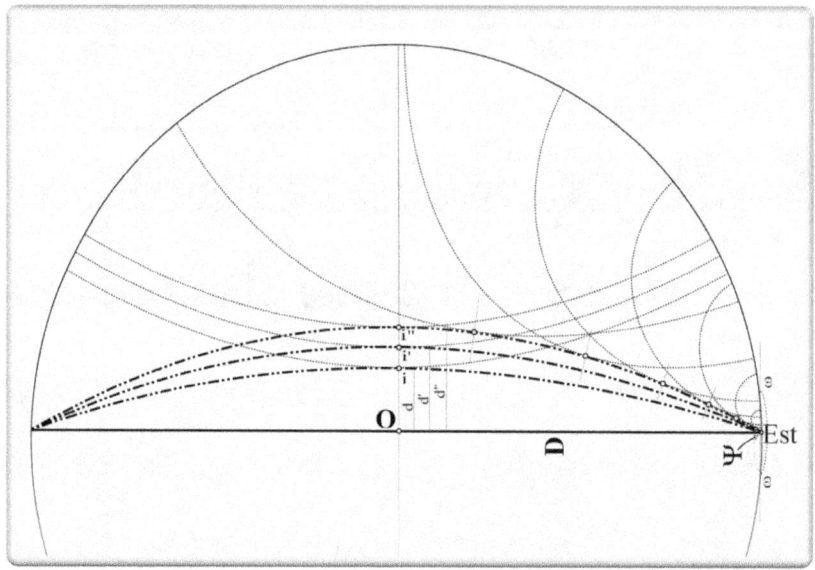

Le parallele saranno iperparallele rispetto al diametro *D*, ed avranno la proprietà, tutte quelle tangenti allo stesso iperciclo, di avere *la stessa distanza* da *D*.

Vediamo adesso cosa avviene approssimandoci sempre più ad Est, verso il bordo del disco, verso una "zona di confine" che possiamo rappresentare con la lontanissima linea ω prossima al punto ideale Ψ. La geometria iperbolica del disco diviene sempre più simile a quella iperbolica del semipiano, e la situazione appare come nella figura seguente: la condizione di tangenza tende a perdere la caratteristica dell'unicità, ed intorno agli ipercicli i, i', i", distanti d, d', d" dal diametro **D** si possono disegnare molte rette iperboliche, che saranno semicirconferenze di raggio molto piccolo ma finito od anche "infinitesimo", tutte tangenti agli ipercicli. Si tende cioè ad una molteplicità di iperparallele al diametro **D** tutte tangenti al medesimo iperciclo.

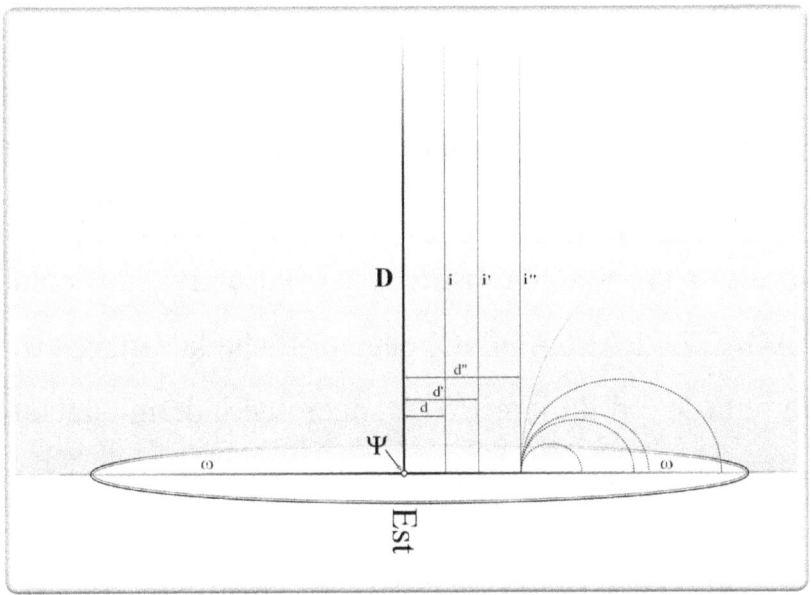

Vediamo però come una molteplicità così particolare non è detto che si manifesti, in modo un po' sfuggente, solo in zone così "estreme". Procediamo a questo scopo con un'altra costruzione geometrica.

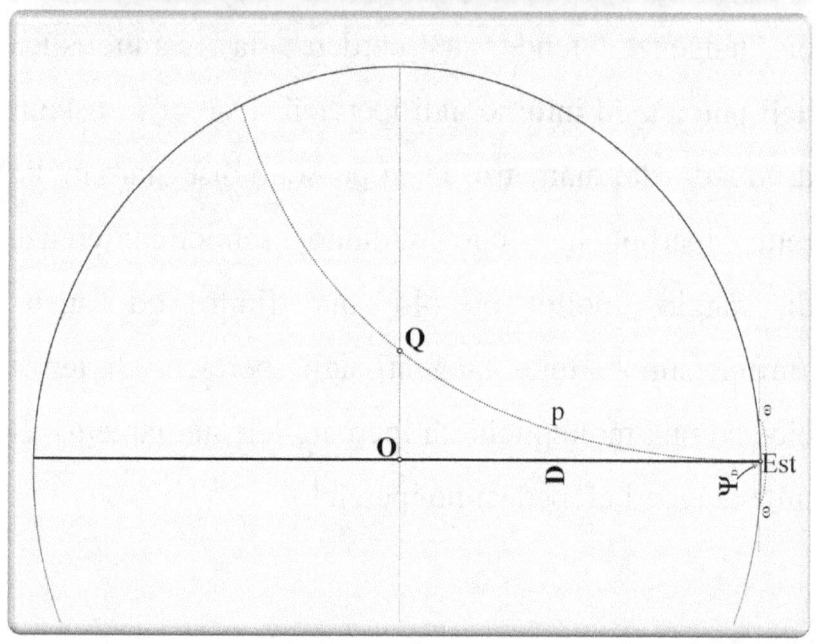

Consideriamo semplicemente una parallela asintotica p al diametro D nella direzione ad Est, verso il punto ideale Ψ_D. Si dimostra senza eccessiva difficoltà [AGAZZI–PALLADINO, pag. 179] che la distanza tra la retta p ed il diametro D decresce indefinitamente nel verso del parallelismo, in direzione di Ψ_D.

Cerchiamo però adesso di costruire un'altra parallela p_1 al diametro D, questa volta sarà un'iperparallela, che abbia una distanza finita d_1 da tale diametro. Ma che sia distante d_1 in corrispondenza della lontanissima linea ω, prossima a Ψ_D.

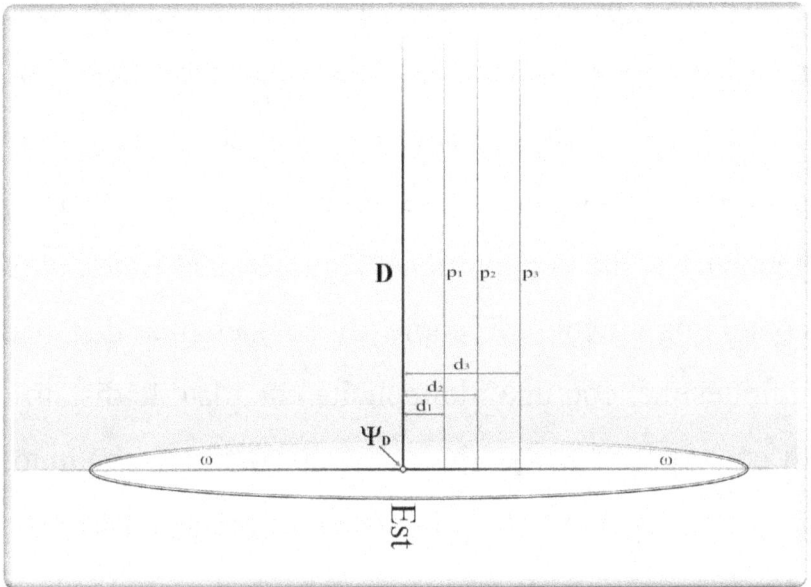

Anche adesso potremo constatare che la geometria del disco diviene sempre più simile a quella iperbolica del semipiano, ed avremo effettivamente l'iperparallela p_1 distante d_1 dal diametro D, così come anche altre iperparallele p_2, p_3, distanti d_2, d_3 dal diametro D. Ma a tali distanze "finite" non potremo disegnarle sul disco iperbolico, perché coincideranno con la nostra parallela asintotica p. In altre parole, la parallela p è asintotica, ma **anche** distante d_1, d_2, $d_3 \ldots d_n$, dal diametro D, senza che la dimostrazione cui si faceva riferimento ne resti inficiata, perché non la si potrà disegnare né condurre diversamente. E vale anche il viceversa, perché il nostro diametro è a sua volta una retta iperbolica parallela alla retta p, sia asintotica che distante d_1, d_2, d_3 ... d_n da essa. Lo stesso vale infine per qualsiasi retta iperbolica del disco, e per ogni punto geometrico che vi appartiene. Ogni retta, al finito, avrà come una nuvola di copie di se stessa a distanze infinitesime, con una molteplicità che, date le distanze di cui sopra d_1, d_2, d_3 ... d_n disposte nel continuo, presenta la stessa cardinalità del continuo nota come aleph 1, ovvero $\aleph_1$ o c, con $2^{\aleph_0} = \aleph_1$ laddove la cardinalità dell'insieme infinito dei numeri interi è stata indicata da Georg Cantor (1845-1918) con $\aleph_0$.

Per quanto riguarda i punti sul piano iperbolico, come ad esempio il punto al centro O intersezione di due diametri perpendicolari, essi avranno molteplicità dell'ordine del continuo in entrambe le direzioni, e quindi bidimensionalmente. I punti nello spazio iperbolico avranno molteplicità tridimensionale.

Si tratta di una situazione simile agli iperreali che attorniano i punti sulla retta reale di Robinson, nella sua Analisi Non-Standard che sul piano iperbolico ha qualche motivo in più di esistere. Riassumendo: sul piano iperbolico le rette sono fasci di infinite rette parallele, i punti hanno molteplicità bidimensionale, come avessero un'estensione infinitesima "iperreale".

Ben oltre gli iperreali di Robinson, va invece l'insieme dei punti ideali Ψ sul bordo del disco di Poincaré. Le cui caratteristiche si possono così definire, chiamandole *"proprietà Ψ"*:

- ogni punto ha molteplicità, o dimensione, infinita dell'ordine del continuo

- due punti qualsiasi Ψ_1, $\Psi2$, hanno sempre distanza infinita tra di loro

- non è definibile un'unità di misura per le distanze

un tale luogo geometrico di punti ha sicuramente le caratteristiche del transfinito, ma di quale ordine? Sicuramente più elevato del continuo, e non raggiungibile a partire da esso. E già il continuo, secondo le intuizioni di Paul Cohen che ha avuto l'ambita Fields Medal per aver dimostrato col suo metodo del forcing l'indipendenza dell'ipotesi del continuo dalla teoria degli insiemi, potrebbe essere molto al di sopra degli infiniti di ordine più basso. Ovvero la sua cardinalità potrebbe essere molto più grande di $\aleph_1$. Cohen non ha potuto dimostrare la sua intuizione, lavorando negli ambiti della logica, della teoria degli insiemi e della matematica aritmetico-algebrica dei transfiniti. Con la geometria dei punti ideali sul bordo del disco di Poincaré, forse si va oltre, verso i cardinali inaccessibili.

Attualmente, già l'ipotesi del continuo viene considerata come semplicistica, e ci si orienta piuttosto alla formula "forte" $2^{\aleph_0} = \aleph_2$, così come dalla ultime speculazioni di Gödel, dall'assioma del *forcing* proprio, dai recenti lavori di Woodin su nuovi principî per insiemi di insiemi di reali.

Quanto all'insieme dei punti ideali del disco di Poincaré, non si dimentichi che essi rappresentano nel piano euclideo effettivamente l'insieme dei punti "all'infinito" con le *proprietà* Ψ. Ed inoltre che nello spazio iperbolico sono disposti su una superficie bidimensionale con le stesse proprietà, mentre in uno spazio iperbolico 4-dimensionale occupano da qualche parte un intero volume, uno spazio tridimensionale i cui punti hanno tutti le *proprietà* Ψ. In un tale spazio, ad esempio, non è definibile un'unità di misura per le distanze in un senso più forte che per l'insieme di Vitale in cui non è definibile perché l'insieme non si sovrappone mai a se stesso per traslazione. Allora sembrano possibili ben altri riassemblaggi di volumi non caratterizzati da misura come negli esempi del raddoppio della sfera del paradosso di Banach-Tarski.

Con Cohen, la semplice potenza del continuo potrebbe essere molto al di sopra dei transfiniti ai primi livelli, ed allora le caratteristiche dei punti degli spazi con le *proprietà* Ψ potrebbero esser tali che nella molteplicità propria e dei loro intorni racchiudano ciascuno un ulteriore mondo di punti con le medesime proprietà, in una catena senza fine come in una struttura frattale.

Un inciso, a chiusura di questo paragrafo: le dimostrazioni come quella sulle parallele iperboliche asintotiche riportata in AGAZZI–PALLADINO a pag. 179 lasciano perplessi, perlomeno per l'evidente inadeguatezza del disegno su cui poggiano. Forse si intende mostrare una loro validità come se fossero date in geometria assoluta, dato il non uso del quinto postulato di Euclide. Tuttavia è evidente che le rette parallele asintotiche non possono esistere né nella geometria euclidea né in quella ellittica, ma esclusivamente in quella iperbolica.

Allora ritengo opportuno darne una dimostrazione nel giusto ambito.

Nella figura che segue sono rappresentate le rette iperboliche r ed s, dove s è un diametro. Come noto, la retta r è la circonferenza C_r. Sia C_i la circonferenza che rappresenta l'iperciclo dei punti equidistanti da s, a distanza h; essa non è una retta iperbolica.

In geometria analitica, con le notazioni mostrate in figura, le equazioni delle due circonferenze sono date

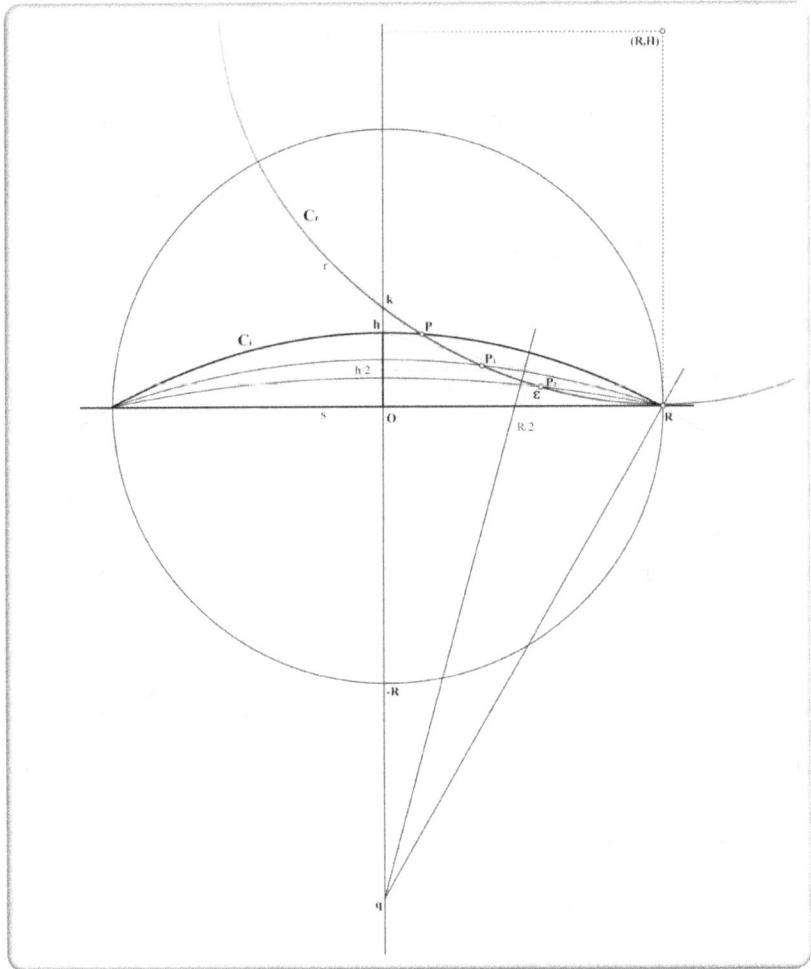

dalle due espressioni:

$$\mathbf{C_r)} \quad x^2 + y^2 - 2Rx - \frac{R^2 + k^2}{k}\,y + R^2 = 0$$

$$C_i) \qquad x^2 + y^2 + \frac{R^2 - h^2}{h} y - R^2 = 0$$

La retta iperbolica s è tangente in R alla circonferenza C_r e l'angolo formato in R è l'angolo a corno discusso nel mio primo volume "Calcolo senza limiti".

Per costruzione, le due circonferenze hanno sempre due punti in comune: il punto in (R,0) ed in funzione del valore di h il punto P_1, P_2, P_3... che il lettore ricaverà facendo sistema delle due equazioni C_i e C_r.

In definitiva, per qualsiasi valore di ε che sia molto piccolo, avremo sempre un valore di h > 0 tale che la retta iperbolica r entri nell'area tra l'iperciclo dei punti distanti h da s e la retta s stessa. Cioè troveremo sempre dei punti della retta r tali che la loro distanza dalla retta s sia inferiore ad ε. Quindi le due rette sono asintotiche.

Naturalmente, per una dimostrazione che abbia validità generale occorre che anche la retta s sia una retta iperbolica qualsiasi e non necessariamente un diametro, provi il lettore a farlo.

Qui ci si limita a mostrare la corretta modalità per questo tipo di dimostrazioni, ed anche come una dimostrazione di tipo geometrico, che vuole essere un vero e proprio teorema, possa essere sostituita da un più o meno semplice problema di geometria analitica.

3. Ridefiniamo la Parallela?

A bbiamo visto che nella geometria iperbolica classica, quella che risale a Jànos Bolyai e Nicolaï Lobačevskij, la proprietà del parallelismo non è transitiva. Le parallele ad una retta iperbolica, condotte per un punto esterno alla retta, oltre che essere molteplici, si intersecano tra di loro. I luoghi geometrici dei punti equidistanti dalle rette iperboliche, gli ipercicli, non sono rette iperboliche: pur essendo delle circonfrenze, non sono perpendicolari al bordo del disco di Poincaré. Nella prima parte di questo articolo ho proposto una geometria iperbolica in cui le rette iperboliche sono i diametri del disco e gli ipercicli relativi ai diametri. In tale geometria la parallela per un punto esterno è unica, le parallele sono equidistanti e non si intersecano.

È però possibile ottenere quasi tutti questi risultati anche senza cambiare nulla nella geometria iperbolica di Bolyai e Lobačevskij. Basta solo ridefinire, ripensare il concetto di parallelismo.

Proviamo a passare attraverso la perpendicolare: essa, come nella geometria euclidea, è unica, perché è collegata direttamente all'unicità dell'angolo retto.

Se allora proviamo a definire come parallela la perpendicolare alla perpendicolare, vediamo che le proprietà delle parallele iperboliche cambiano radicalmente. E questo risultato si ottiene praticamente senza cambiare nulla nella struttura del piano iperbolico: le rette, gli angoli, le relazioni, rimangono esattamente uguali a prima; non si aggiunge né si toglie né si "deforma" nulla, cambia solo la nostra "scelta" di quali rette si intende caratterizzare col nome di "parallele".

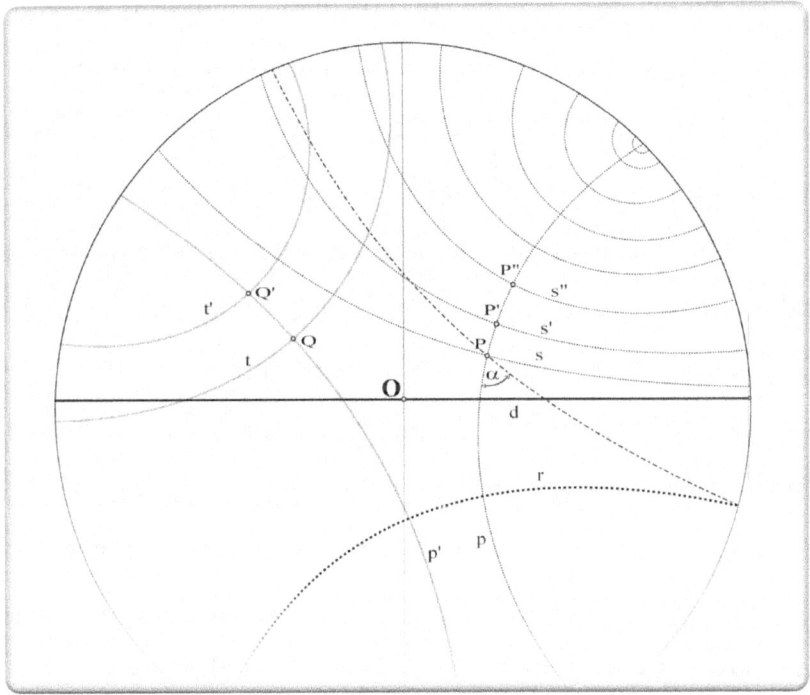

Allora, in figura, la retta iperbolica r avrà una perpendicolare p e per un determinato punto P su tale perpendicolare la perpendicolare alla perpendicolare p è unica e sarà l'unica parallela s alla retta r. come pure uniche saranno le parallele s' per P', s'' per P'', etc.

Si ottiene così la famiglia di parallele alla retta iperbolica r *secondo* la perpendicolare p. Tale famiglia di parallele, come avviene nel piano euclideo, spazierà per l'intero piano iperbolico senza che una parallela ne intersechi un'altra: la proprietà del parallelismo è transitiva, cioè due parallele alla stessa retta secondo la perpendicolare comune sono parallele tra di loro secondo la stessa perpendicolare. Chiaramente, una parallela t secondo una differente perpendicolare p', intersecherà una parte della precedente famiglia di rette tra loro parallele.

Una qualsiasi retta che non intersechi la retta r né sia ad essa asintotica, sarà ad essa parallela secondo la perpendicolare comune, che esiste sempre.

In questo modo, senza cambiare le caratteristiche del piano iperbolico, avremo ancora, come sul piano euclideo, l'unicità della parallela per un punto esterno (Playfair) e considerando l'angolo di parallelismo α la riproposizione del postulato di Euclide, ora teorema F, nella formulazione adattata al piano iperbolico.

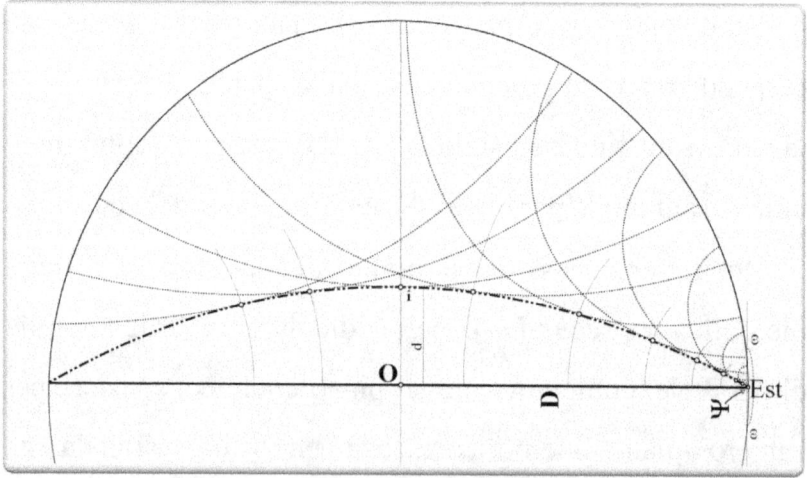

Qui sopra vediamo invece una famiglia di rette uniche parallele ad una determinata retta iperbolica, che in questo caso è il diametro D, con la caratteristiche di esserne equidistanti. In pratica sono tutte tangenti all'iperciclo i.

Anche in questo caso, andando verso l'estremo est, verso il punto ideale Ψ, si ripropone la molteplicità di parallele equidistanti, assumendo il cerchio iperbolico caratteristiche simili a quelle del semipiano iperbolico.

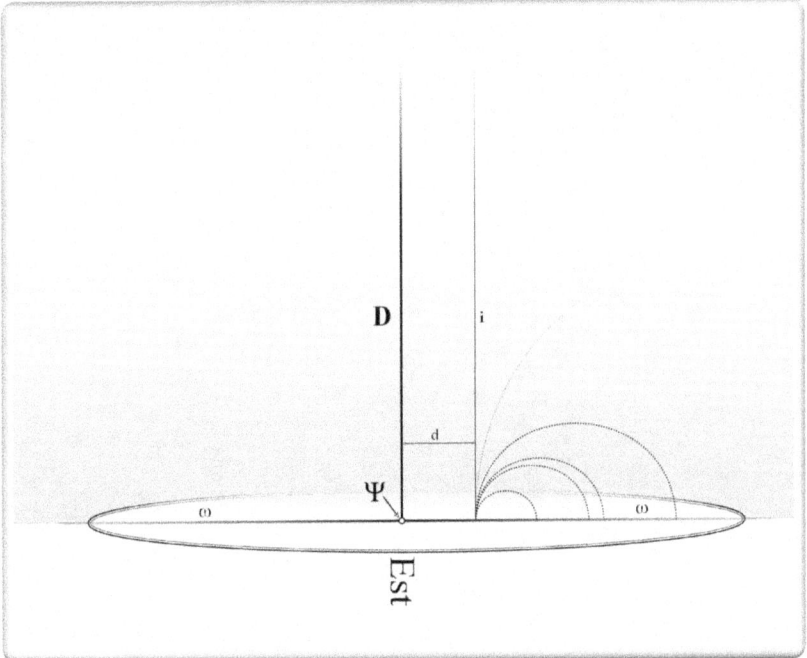

Rimane anche la molteplicità dell'ordine del continuo per le rette asintotiche, ed in pratica per tutte le rette iperboliche sul disco di Poincaré, e la molteplicità dell'ordine del continuo bidimensionalmente per i punti.

4. Il problema del meta-centro

S i suppone che il piano del disco di Poincaré, ed, in tre dimensioni, lo spazio iperbolico, siano omogenei ed isotropi. Cioè che mantengano le stesse caratteristiche indipendentemente dal luogo e dalla direzione rispetto ai quali ci si pone.

Ma è effettivamente così? Il fatto, ad esempio, per cui i raggi luminosi si propaghino evidentemente lungo le geodetiche, ovvero le linee di minor distanza che sono le rette iperboliche, e, se inizialmente partono in direzioni parallele, non mantengono l'equidistanza, può far sorgere qualche perplessità. In effetti i raggi luminosi non si propagano seguendo gli ipercicli, che sul piano iperbolico sono le linee equidistanti, non essendo gli ipercicli stessi né rette iperboliche né geodetiche. Nella geometria euclidea non si ha questa discrepanza: i raggi luminosi paralleli si propagano sia lungo le geodetiche, sia mantenendo l'equidistanza.

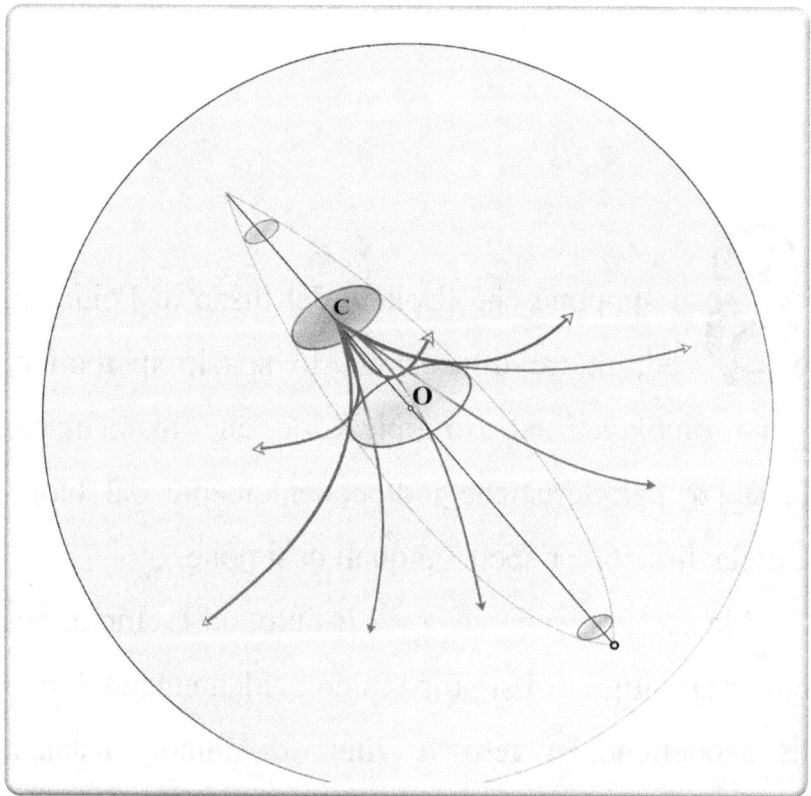

Immaginiamo che un disco di un determinato diametro si muova perpendicolarmente al suo piano da un polo all'altro nello spazio iperbolico, come in figura. Esso disegnerà col proprio bordo come un fuso di punti equidistanti dal diametro della sfera iperbolica lungo il quale il centro del disco si muove. Dal punto di viste estrinseco dello spazio euclideo in cui è immersa, disegnata, la sfera iperbolica, il disco appare restringersi andando verso i poli, in entrambe le direzioni.

Supponiamo adesso che da un punto C posto oltre il centro O dell'universo iperbolico partano diretti in ogni direzione dei raggi luminosi, come in un'esplosione di una supernova. Il fronte d'onda sarà verosimilmente disposto su una sfera la cui superficie si espanderà con una legge simile al quadrato del suo raggio, mentre la densità dei raggi luminosi varierà con l'inverso del quadrato. In modo molto approssimativo data la discrepanza tra il dispiegarsi delle geodetiche iperboliche rispetto alle linee di equidistanza.

Superando però il centro dell'universo iperbolico, la discrepanza ha un salto di qualità: mentre le linee di equidistanza seguono il fuso di cui prima, che sembra rimpicciolire andando verso il bordo dei punti ideali della sfera iperbolica, le geodetiche lungo cui si muovono i raggi luminosi invece seguono imperterrite il loro andamento puramente geometrico inseguendo le rette iperboliche. Di conseguenza l'espandersi del fronte d'onda dovrà seguire una legge differente, ad esempio la sua superficie diventerà proporzionale al cubo se non alla quarta potenza. Naturalmente la densità dei raggi luminosi si affievolirà con l'inverso della stessa potenza rispetto alla distanza percorsa oltre il centro, con particolari effetti. Ad esempio la sorgente dei raggi luminosi potrebbe apparire più vicina, considerando come legge di espansione dei raggi quella più "esplosiva".

Viceversa, supponendo più realisticamente di aver esperienza piuttosto di aventi a noi astronomicamente più prossimi, se in realtà fossimo immersi senza saperlo in uno spazio iperbolico anziché euclideo, potremmo pensare che tutte le espansioni di raggi luminosi seguano la legge dell'inverso del quadrato delle distanze. Quindi dedurre che una sorgente posta oltre il centro dell'universo, iperbolico, sia molto più distante di quanto appaia, perché in realtà segue una legge più complessa e molto più dispersiva riguardo alla densità dei raggi luminosi.

Evidentemente un tale universo iperbolico non sembra essere molto isotropo, o viceversa, così concepito presenta delle contraddizioni.

Mi sembra possa portare ad una maggiore coerenza la scelta degli ipercicli ai diametri, per le rette iperboliche come ho già proposto.

EPILOGO

Argomento principe di questo volumetto naturalmente sono i fondamenti della geometria, anzi delle geometrie, ai quali spero di aver dato e di poter ancora dare un piccolo contributo. I tre articoli e la discussione che li introduce anticipano un mio lavoro più ampio in corso di avanzata stesura.

Rimane interessante chiedersi come sia possibile dopo 23 secoli da Euclide giungere a nuovi risultati riguardo il suo famoso quinto postulato, ma anche affievolire l'equivalenza tra il postulato di Euclide e quello – già noto ai tempi di Proclo – di Playfair trasformandoli in due differenti teoremi, confutare Saccheri dopo quasi tre secoli ed il terorema di Saccheri-Legendre dopo due secoli...

Non so se qualcuno ha delle risposte.

È comunque possibile far riferimento alla metodologia di Karl Popper, secondo il quale ogni teoria, per potersi definire scientifica, deve poter permettere la sua falsificabilità, cioè deve contenere dei falsificatori potenziali; altrimenti, come avviene, sempre secondo Popper, per l'astrologia o la psicanalisi dove i contenuti falsificabili tendono a zero, tali teorie non possono ritenersi effettivamente scientifiche.

Mentre però il falsificatore potenziale popperiano tende ad essere di tipo empirico-sperimentale e tende a dare una contro-prova, Rocco Vittorio MACRÌ pensa più ad un falsificatore logico potenziale – FLOP – da snidare ricorrendo a metodi logico-deduttivi o formali. Se ne sentiva l'esigenza dopo i numerosi esperimenti mentali di Eistein per la sua teoria della Relatività ed i titanici duelli tra lo stesso Einstein e Bohr sulla meccanica quantistica a colpi di "esperimenti virtuali".

In ogni teoria possono quindi annidarsi antinomie, salti logici, ragionamenti incompleti, incompatibilità con supposizioni implicite, elementi "eclissati", paralogismi, che possono emergere a distanza di tempo, "prima o poi": proprio per questo sono "potenziali".

Un esempio famoso è stato il *teorema di impossibilità* di Von Neumann falsificato solo alcuni decenni dopo da Bell che ne ha snidato i vizi logici. Questo teorema prediceva l'impossibilità di attribuire valori precisi, ancorché ignoti, a tutti i valori di una teoria equivalente alla meccanica quantistica.

Persino nelle fondamenta delle assiomatizzazioni matematiche moderne si può sospettare la presenza di Flop nascosti. Michael Polanyi considera paradossale una matematica che sia basata su sistemi di assiomi "arbitrari", che cioè non abbiano necessità di presentare la caratteristica dell'evidenza.

Anche nel celebre esperimento di Michelson e Morley, oltre ai numerosi FLOP rinvenuti nelle innumerevoli trattazioni, potrebbe annidarsi un FLOP sfuggito per più di un secolo anche alle grandi menti che hanno continuamente esaminato l'esperimento: si tratterebbe della contrazione dello specchio semitrasparente centrale disposto a 45°. Ne potrebbe persino risultare falsificata la Teoria della Relatività Ristretta.

E comunque, un altro FLOP sembra emergere nella costanza della velocità della luce stabilita *per convenzione* da Albert Einstein, per qualsiasi osservatore inerziale ed anche per i percorsi luminosi di "sola andata". In tal modo, in condizioni relativistiche, si riesce a sincronizzare gli orologi "alla Einstein".

Ma è teoricamente possibile che la velocità di andata e quella di ritorno della luce, che non si riescono a misurare con metodi logicamente ineccepibili, siano differenti e che il loro rapporto non sia sempre 1 ma valga ad esempio ε …

Naturalmente anche la matematica ha il suo percorso evolutivo, che consiste in sempre nuove

dimostrazioni e nuove scoperte, ma anche di confuta-
zioni di risultati precedentemente dati per certi,
di revisione di interi argomenti. È il tema di questo
lavoro.

Dove possono quindi annidarsi delle incongruenze
o dei ragionamenti incompleti, i FLOP della
geometria?

Una prima incongruenza la si può riscontrare
nel significato stesso di geometria assoluta. Legendre
ha chiaramente ed esplicitamente dimostrato il suo
teorema *"la somma degli angoli di un triangolo
è sempre minore od uguale a due retti"*, poi noto come
primo teorema di Saccheri-Legendre, senza utilizzare
il quinto postulato di Euclide. Quindi indubbiamente
nell'ambito della geometria assoluta. Ora, come ho
dimostrato nel mio secondo articolo, tale teorema
risulta confutato. Tuttavia, è confutato nella geometria
sulla sfera, e non banalmente in quanto in tale
geometria la somma degli angoli dei triangoli è
maggiore di due retti. Nella geometria euclidea sarebbe
virtualmente valido, ma è possibile dimostrare in una

geometria specifica un'asserzione che inficia un'altra geometria, proprio mentre in quell'altra ne è del tutto evidente la confutazione? Evidentemente no.

Ed allora anche le dimostrazioni ante Quinto Postulato vanno effettuate solo nelle specifiche geometrie?

Le conseguenze non sono di poco conto: il concetto stesso di geometria assoluta risulta inconsistente, oppure la geometria assoluta risulta autocontraddittoria?

Nel secondo caso, dato che la geometria assoluta o neutrale comprende tutti i teoremi universalmente validi in quanto dimostrati senza utilizzare il quinto postulato [KLINE, pag. 1020] e quindi rappresenta il punto di unione tra le diverse geometrie, risulta autocontraddittoria l'intera geometria?

Col tempo si giungerà ad una conclusione certa; per ora sono propenso a pensare che risulti inconsistente il concetto di geometria assoluta. D'altra parte, una volta dati i Teoremi F, G e P, cioè dimostati i postulati di Euclide o delle parallele, si giunge ad una *contraddizione in termini*: il postulato di Euclide viene dimostrato nell'ambito della geometria assoluta, utilizzando gli assiomi e le proposizioni ad esso precedente – altrimenti utilizzerebbe se stesso! – quindi: come nuovo teorema fa parte della geometria assoluta in quanto dimostrato nel suo ambito, oppure ne deve rimanere escluso per la definizione stessa della geometria neutrale?

Probabilmente Saccheri ha definito la geometria assoluta solo strumentalmente, per raggiungere il suo risultato. E dato che era convinto di averlo raggiunto, deve essere anche stato consapevole che così la geometria assoluta perdeva il suo significato. O non se ne è reso conto?

Un altro FLOP potrebbe annidarsi nel concetto di equivalenza: l'originario postulato di Euclide nel tempo è stato dimostrato equivalente ad una serie di altre asserzioni aventi anch'esse valore di postulato.

Il quinto postulato di Euclide è così equivalente a quello delle parallele "di Playfair", all'esistenza di triangoli simili, alla somma uguale a due retti degli angoli di un triangolo, all'esistenza del rettangolo, all'esistenza di rette equidistanti, all'asserzione che per tre punti passa sempre una circonferenza, al teorema di Pitagora. Ora, tutte queste asserzioni perdono di consistenza o non valgono nelle geometrie non euclidee, mentre il quinto postulato continua banalmente a valere sempre nella geometria ellittica o sulla sfera, a maggior ragione perché quivi le rette si incontrano sempre. Rimangono equivalenze "deboli"? Dato che due proposizioni P e Q, riferendoci alla geometria assoluta, sono equivalenti se sono deducibili l'una dall'altra *e* dalle prime 28 Proposizioni degli Elementi, se le due proposizioni sono entrambe interne alla geometria assoluta l'equivalenza è "più forte"? Che dire delle proposizioni inverse, dovrebbero essere tra loro equivalenti? E nel caso in cui la dimostrazione della proposizione inversa necessita del quinto postulato di Euclide ma la proposizione diretta ne può fare a meno, come ad esempio la proposizione 29 inversa delle 27 e 28?

Che dire infine della proposizione 17, inversa del quinto postulato? Che dovrebbero essere equivalenti, ma evidentemente **non** lo sono? Non c'è una stonatura nel fatto che, ad esempio, il quinto postulato risulti equivalente all'esistenza di triangoli simili ma non sia equivalente alla sua proposizione inversa, che invece ha lo stesso significato?

Vediamo poi più nel dettaglio l'equivalenza tra il quinto postulato di Euclide e quello delle parallele "di Playfair", entrando nel merito delle dimostrazioni di equivalenza l'uno dell'altro.

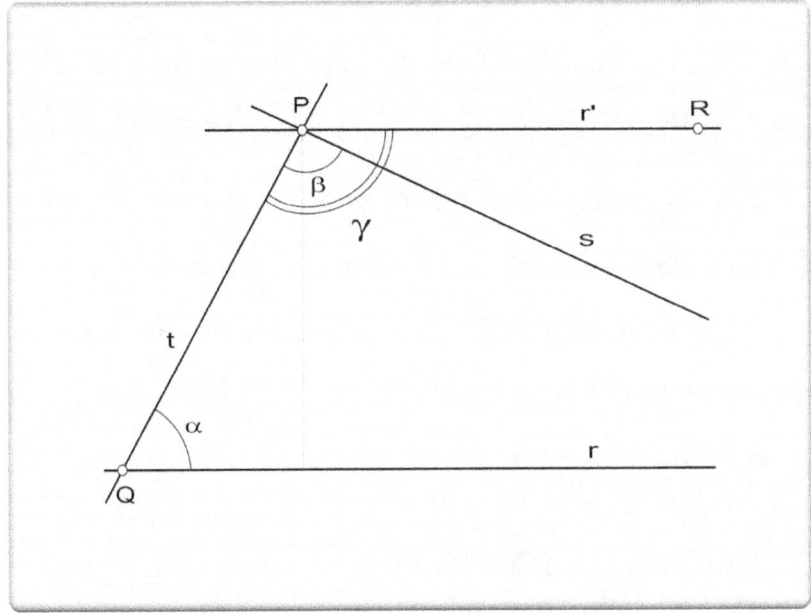

a) *dal quinto postulato segue l'unicità della parallela*: come dalla figura che segue, tra le rette passanti per un punto P esterno alla retta r, solo una può formare con PQ dalla stessa parte di α l'angolo γ tale che sia α + γ = 180°, mentre per il quinto postulato tutte le altre rette incontreranno la retta r. Quindi per P passa un'unica parallela ad r.

b) *dall'unicità della parallela segue il quinto postulato*: nella stessa figura sopra, partiamo dalle due rette r ed s che, tagliate dalla trasversale t, formano con essa gli angoli α e β tali che α + β < 180°, mentre γ è sempre tale che α + γ = 180°. Dato che necessariamente deve essere γ > β, le rette r' ed s devono essere distinte, ed inoltre r' sarà parallela ad r per la proposizione 28. Se la parallela alla retta r deve essere unica, e lo è la retta r', allora non potrà esserlo anche la retta s.

Qui non si intende mettere in dubbio le due dimostrazioni di equivalenza, ma fare delle valutazioni sull'opportunità di preferire, come si fa attualmente, la versione dell'unicità della parallela, e darne anche grande risalto.

Gli antichi avevano già individuato con grande rigore ed elevatissimo grado di consapevolezza il problema sollevato dal quinto postulato. Proclo (410 – 485 d.C.) riteneva che doveva assolutamente essere depennato dal gruppo dei postulati, perché simile ad un teorema pieno di difficoltà, tali che la sua dimostrazione richiederebbe molte definizioni e diversi altri teoremi, ed anche perché Euclide aveva dimostrato la proposizione sua inversa. Diceva che non bisogna farsi ingannare perché più piccoli sono i due angoli e più è evidente che le due rette tendono ad incontrarsi: non dovrebbe attribuirsi alcun peso alle impressioni intuitive puramente probabili. L'attenzione dovrebbe piuttosto essere focalizzata al tendere della somma dei due angoli a 180°: che, continuando a prolungare le due rette, l'intersezione si verifichi sempre è solo probabile e non necessario, se non lo si dimostra. Proclo ricorda l'esistenza di linee che si avvicinano tra loro all'infinito senza mai incontrarsi – si pensi alla tendenza asintotica della funzione $y = 1/x$ – e che si tratta di un fatto appurato anche se può sembrare improbabile e contrario all'intuizione: perché allora non dovrebbe mai verificarsi la stessa cosa nel caso di due rette [quasi parallele]?

Ecco, se l'affermazione del quinto postulato, ove non dimostrata, è così problematica nonostante permetta di descrivere in maniera così completa la situazione, può la semplice affermazione dell'unicità della parallela proposta come postulato alternativo essere preferibile?

Non si tratta invece dell'illusione data da una definizione che descrive il problema così poco da nasconderlo?

Troppo tempo è passato dai tempi di Proclo, avremmo altrimenti disponibili molti più documenti importanti andati persi, e purtroppo gli sviluppi della geometria e della matematica non hanno potuto progredire linearmente. Se con il dominio di Roma la civiltà ed il sapere ellenici hanno continuato a progredire, questo non è stato più possibile con l'avvento dei fanatismi monoteisti, quello cristiano e quello ottomano. Specialmente ad opera dei cristiani, è stata distrutta la maestosa Biblioteca di Alessandria, chiuse le scuole filosofiche e proibito l'insegnamento del "sapere pagano", proibita l'istruzione delle donne.

Infine fu trucidata l'ultima grande scienziata alessandrina, Ipazia (370 – 415 d.C.) il cui lavoro dimostra l'importante evoluzione che stava vivendo il sapere ellenico. Ipazia sarebbe stata madre della scienza moderna, perché oltre che agli studi matematici, filosofici, astronomici e musicali si dedicava alla medicina ed alla scienza sperimentale. Giunse infatti ad inventare l'astrolabio, l'idroscopio e l'aerometro che tanta meraviglia susciteranno nel 1600 in Pascal e Fermat. Tanto è durato infatti il salto nel buio in cui è precipitata la civiltà: più di un millennio, e, parzialmente, fin quasi ai giorni nostri.

Giusto nei fermenti della rinascita, nell'anno 1600, la Chiesa di Roma mise vivo al rogo Giordano Bruno, il filosofo scienziato che aveva studiato Democrito e gli atomisti greci e capiva così l'essenza del mondo ellenico di Ipazia. Intanto aveva fatto santi i principali artefici della distruzione della civiltà ellenica, e cacciato o massacrato elleni, ebrei, pagani: Sant'Ambrogio, San Giovanni Crisostomo, Sant'Agostino e San Cirillo d'Alessandria; ed in seguito li ha elevati al rango di dottori e padri della Chiesa universale. San Cirillo d'Alessandria, responsabile della morte di Ipazia fu dichiarato padre della Chiesa nel 1884 ed ulteriormente venerato, in occasione dei 1500 anni dalla sua morte nel 1944, da Papa Pio XII, con l'enciclica *Orientalis Ecclesiae*.

Probabilmente Ipazia è stata realmente madre della civiltà moderna: sue e di suo padre sono infatti le edizioni delle opere di Euclide, Archimede e Diofanto che presero la via dell'Oriente durante i secoli, per tornare in Occidente in traduzione araba, dopo un millennio di rimozione.

Tornando in tema, data la dimostrazione dei Teoremi F, G, P valida all'interno della geometria euclidea, e presupponendo ragionevole l'inconsistenza della geometria assoluta, emerge un altro livello di confronto tra la geometria euclidea e quelle non euclidee. Le singole geometrie diventano nude: più indipendenti l'una dall'altra.

Chiaramente, cadendo la dimostrazione d'esistenza delle rette asintotiche e delle caratteristiche principali delle rette iperboliche, tale geometria non affonda più le sue radici e la sua ragione d'esistere all'interno della geometria assoluta. Deve cercare altrove le proprie origini.

Potrebbe essere una sfida, invece che imporre i relativi assiomi, dimostrare all'interno della geometria iperbolica che devono esistere più parallele, meglio se in particolare due parallele ed infinite iperparallele, ed all'interno della geometria ellittica che non possano esistere le parallele.

Certamente per il teorema di incompletezza di Kurt Gödel nessuna assiomatizzazione di un sistema complesso almeno al livello della semplice aritmetica, e quindi questo vale anche per la geometria, potrà mai dirsi completa: al suo interno saranno sempre possibili delle asserzioni vere non dimostrabili a partire dai suoi assiomi; credo però di aver fatto un piccolo passo in avanti, che spero stimolerà altri a proseguire.

Un ultimo inciso a proposito del Secondo Teorema di Incompletezza di Gödel, ovvero l'ultimo ed undicesimo teorema del suo famoso studio. Il teorema afferma che un sistema correttamente formalizzato non è in grado di dimostrare la propria coerenza, cioè non è in grado di farlo a partire dai suoi assiomi. Allora non dovrebbe essere in grado di farlo neppure la rappresentazione di una geometria non euclidea come modello all'interno della geometria euclidea. Ed ancora, se, come nel problema del meta-centro visto nel mio terzo articolo, emerge un certo grado di incoerenza nella geometria iperbolica a proposito della sua omogeneità ed isotropia, tale incoerenza si propaga alla geometria euclidea?

Che dire del FLOP nascosto nell'assioma di Pasch, in realtà risultato così facilmente dimostrabile a partire dal teorema dell'attraversamento?

Infine, scrivere queste pagine è stato un vero "Divertimento Geometrico", in omaggio a Piergiorgio Odifreddi: la piacevole lettura del suo libro ha regalato nuove fonti di ispirazione ai miei ormai decennali studi.

Pinerolo (TO), agosto 2009 – agosto 2012

Bibliografia

GIUSTINI Pietro Alessandro, 1974, *"Da Euclide ad Hilbert"*, Bulzoni Editore S.r.l., Roma.

BOYER Carl B., 1968, "A History of Mathematics", John Wiley & Sons, Inc, 1976 – 1990, *"Storia della matematica"*, Arnoldo Mondatori Editore S.p.A., Milano, ISBN 88-04-33431-2.

AGAZZI Evandro – PALLADINO Dario, 1998, "Le geometrie non euclidee e i fondamenti della geometria dal punto di vista elementare", Editrice La Scuola, Brescia, ISBN 88-350-9450-X.

KLINE Morris, 1972, "Mathematical Thought from Ancient to Modern Times", Morris Kline, 1991 – 1999, "Storia del pensiero matematico", Giulio Einaudi Editore S.p.A., Torino, ISBN 88-06-15418-4.

MACRÌ Rocco Vittorio, 2002, *"I FLOP nella trattazione relativistica del tempo"* in "La natura del tempo" a cura di Franco Selleri, Edizioni Dedalo S.r.l., Bari, ISBN 88-220-6251-5.

ODIFREDDI Piergiorgio, 2003, "Divertimento geometrico", Bollati Boringhieri Editore S.r.l., Torino, ISBN 88-339-5714-4.

ACZEL Amir D., 2000-2005, "Il mistero dell'alef", Net Periodico settimanale, Milano, ISBN 88-515-2233-2.

Collana *"le matematiche"*

1 – **Calcolo senza limiti**

2 – **Tre articoli per un mistero**

3 – **L'insostenibile leggerezza delle Assiomatiche**

seguiranno

– **Sintesi Geometrica - Il mistero del quinto postulato**

– **Funzioni, limiti e continuità – quo vadis, math?**

– **Trasformazioni complesse, ovali polinomiali e polinomi**

– **Cerchi, ipercerchi e coniche sul piano complesso**

– **Equazioni differenziali**

annotazioni

www.ingramcontent.com/pod-product-compliance
Lightning Source LLC
Chambersburg PA
CBHW060840170526
45158CB00001B/201

* 9 781291 041835 *